高等职业本科院校项目化活页式系列教材

单片机原理项目实践

主　编　樊棠怀　蒋淦华　李志翔

副主编　程巧玲　晏苏红

西安电子科技大学出版社

内容简介

本书主要介绍单片机原理，采用项目开发模式编写，学生在完成项目的同时就学习并掌握了单片机的相关知识。本书共 10 个项目，分别为 8 位 LED 控制项目开发、数码管显示控制项目开发、键盘输入控制项目开发、蜂鸣器控制项目开发、中断系统项目开发、定时器/计数器控制项目开发、串口通信项目开发、温度采集项目开发、A/D 转换项目开发、实时时钟项目开发等。

本书可作为职业本科院校、高职院校单片机课程的教材，也可供从事单片机开发、单片机应用等工作的工程技术人员参考。

图书在版编目(CIP)数据

单片机原理项目实践 / 樊棠怀，蒋淦华，李志翔主编. --西安：西安电子科技大学出版社，
2024.5
ISBN 978–7–5606–7211–3

Ⅰ. ①单⋯　Ⅱ. ①樊⋯　②蒋⋯　③李⋯　Ⅲ. ①单片微型计算机　Ⅳ. ①TP368.1

中国国家版本馆 CIP 数据核字(2024)第 053996 号

策　　划	李鹏飞
责任编辑	李鹏飞

出版发行　西安电子科技大学出版社(西安市太白南路 2 号)
电　　话　(029) 88202421　88201467　　　　邮　　编　710071
网　　址　www.xduph.com　　　　　　　　电子邮箱　xdupfxb001@163.com
经　　销　新华书店
印刷单位　陕西天意印务有限责任公司
版　　次　2024 年 5 月第 1 版　　　　　　　2024 年 5 月第 1 次印刷
开　　本　787 毫米×1092 毫米　　1/16　　印张 8
字　　数　176 千字
定　　价　40.00 元
ISBN　978–7–5606–7211–3 / TP
XDUP 7513001–1
如有印装问题可调换

前　言

党的二十大报告提出"统筹职业教育、高等教育、继续教育协同创新，推进职普融通、产教融合、科教融汇，优化职业教育类型定位"，明确了职业教育的发展方向。在推动职业教育高质量发展过程中，职业教育的新型教材建设是必不可少的重要环节。

在职业院校，单片机课程的教学应与普通院校的有所区别，不宜采用基于学科知识体系的教学模式，而应采用基于能力本位的教学模式，因此相应的教材不仅要具有职业属性强、实践性强的特点，同时要能对接单片机工程师的岗位需求。

本书以"融赛入课"的教学模式为指导，采用面向职业技能竞赛的项目驱动化方式编写，融入课程思政，对接岗位和职业技能标准，注重学生单片机电路设计和软件编写能力的培养，以提升学生的工程应用能力和岗位适应能力，为人工智能、物联网、新能源汽车、工业互联网等领域培养能解决复杂技术问题的现场工程师为目标。本书的具体特色如下：

(1) 本书将教育部认可的 56 项比赛之一的蓝桥杯全国软件和信息技术专业人才大赛——单片机设计与开发类别竞赛的知识点项目细分化，融赛入课，以赛促教，以教促学。

(2) 本书可以作为实验实训报告的参考材料，评价反馈部分包括学生自评和老师评价。

本书的项目 1～项目 4 由蒋淦华编写，项目 5 和项目 6 由程巧玲编写，项目 7 由晏苏红编写，项目 8～项目 10 由李志翔编写，全书由樊棠怀教授统稿。

本书在编写过程中，得到了国信蓝桥教育科技(杭州)股份有限公司竞赛认证中心工程师的倾力支持，在此表示衷心感谢。

由于编者水平有限，书中难免存在不足之处，欢迎广大读者批评指正。

编　者

2024 年 1 月

目　录

导　言

1. 性质描述

本书是一本基于学科竞赛的实践性教材，采用"融赛入课"的编写模式，适用于智能控制技术、导航工程技术、无人机应用技术、嵌入式技术与应用等专业的核心课教学，建议在第三学期开设，课时设置为32学时。

2. 编写目的

本书适合在学生掌握一定单片机原理基础知识后，在实训教学环节中使用，以提升学生的知识掌握能力与对单片机应用技术所产生现象的感知能力和认知能力，锻炼学生的工作适应能力、社会融入能力、方法应用能力，培养合格的单片机现场工程师。

本书共设置了10个开发项目，这10个项目的开发过程不但给学生补充了必要的核心知识，而且针对教学中突出的重点和难点对学生进行了必要的知识拓展。

3. 学习要求

本书要求实训人员按照项目开发流程进行项目开发，要做到熟悉项目开发任务、掌握项目任务理论知识，并能在规定的时间内完成项目任务，即完成程序开发，并编译下载到单片机系统中验证。

➤ 知识要求

(1) 熟悉单片机的基本结构。

(2) 熟悉单片机内部系统资源的利用。

(3) 熟练掌握单片机C语言程序设计方法。

(4) 熟练掌握项目开发流程。

➤ 能力要求

(1) 具备搜集资料、阅读资料和利用资料的能力及自学能力。

(2) 具备单片机控制系统的运行、维护与故障检修能力。

(3) 具有单片机小型控制电路的设计能力。

(4) 具备开发与设计智能产品并解决实际工程问题的能力。

➤ 职业素质要求

(1) 具有谦虚、好学的态度。

(2) 具备勤于思考、做事认真的良好作风。

(3) 具备较高的自学能力和良好的职业道德。

(4) 具备良好的沟通能力及团队协作精神。

(5) 具有一定的分析问题、解决问题的能力。

(6) 具备勇于创新、爱岗敬业的工作作风。

4. 学习组织形式与方法

本书倡导行动导向教学，通过问题的引导，促进学生进行主动的思考和学习。

教师应根据实际工作任务设计教学情景。教师的作用是策划、分析、辅导、评估和激励。

学生应根据学习情景所需的工作要求，划分为若干学习小组。划分学习小组时应兼顾学生个体的学习能力、性格和学习态度等差异，以资源平均为原则。小组成员应共同制订详细计划，合理有效分工，协作完成任务。学生是学习主体，应主动思考，自己决定，并实际动手操作。

5. 学业评价

学业评价分为学生自评和老师评价两部分，使用 A(优秀)、B(良好)、C(合格)、D(努力)四个评价档次。

6. 项目安排与课时

本书所有项目均紧密结合蓝桥杯单片机设计与开发赛事要求，基于蓝桥杯 CT107D 单片机竞赛板 V20 平台编写，目的是让学生像岗位工作人员一样思考问题、处理问题、解决问题，最终掌握单片机原理项目开发技能。

本书 10 个项目的课时安排如下：

项目序号	项目名称	建议课时
1	8 位 LED 控制项目开发	4
2	数码管显示控制项目开发	2
3	键盘输入控制项目开发	4
4	蜂鸣器控制项目开发	2
5	中断系统项目开发	4
6	定时器/计数器控制项目开发	4
7	串口通信项目开发	4
8	温度采集项目开发	2
9	A/D 转换项目开发	4
10	实时时钟项目开发	2

项目 1

8 位 LED 控制项目开发

项目编号：1	学习情景：8 位 LED 控制		项目页码：1
姓名：　　　　班级：　　　　日期：			

 学习情景描述

　　LED(Light Emitting Diode)在生活中随处可见。比如，彩色 LED 灯带，在花园里、建筑物外面、天桥上面、室内装饰槽内作装饰用；家用电器电源指示灯，用于指示家用电器是否正常工作；十字路口的交通灯，使车辆和行人遵守交通规则，安全出行。本项目主要对 LED 的特性、工作原理进行讲解，要求学生掌握 LED 驱动电路的设计方法和程序设计方法。

 学习目标

1. 掌握二极管的工作特性和 I-U 曲线。
2. 掌握发光二极管和光敏二极管的区别。
3. 掌握发光二极管的共阴接法和共阳接法。
4. 掌握发光二极管参数的计算。
5 掌握 8 位发光二极管的原理图分析方法。
6. 掌握 8 位发光二极管的流水灯程序设计要点。

 任务书

利用单片机的 P0 口控制 8 位 LED 按一定规律点亮。
任务 1：8 位 LED 从左往右依次点亮，时间间隔为 1 s。
任务 2：8 位 LED 从右往左依次点亮，时间间隔为 1 s。
任务 3：8 位 LED 按照流水方式依次点亮，时间间隔为 1 s。

项目编号：1	学习情景：8 位 LED 控制		项目页码：2
姓名：　　班级：	日期：		

任务分组

填写如表 1.1 所示的任务分组表。

表 1.1　任务分组表

班级		组号		专业	
组长		学号		指导老师	
组员	姓名	学号		姓名	学号

准备知识

1. 二极管的工作特性

材料根据其导电能力可以分为导体、半导体和绝缘体，其中半导体的导电性能介于导体和绝缘体之间。纯净的具有晶体结构的半导体称为本征半导体，本征半导体内部有两种数量相等的载流子，即自由电子和空穴，它们均参与导电。

通过扩散工艺，在本征半导体中掺入少量合适的杂质元素，便可以得到杂质半导体。按掺入杂质元素不同，半导体可以形成 N 型半导体和 P 型半导体。

在纯净本征半导体里掺入五价元素，如磷，可形成 N 型半导体。N 型半导体的多数载流子为自由电子，少数载流子为空穴。

在纯净本征半导体里掺入三价元素，如硼，可形成 P 型半导体。P 型半导体的多数载流子为空穴，少数载流子为自由电子。

将 P 型半导体和 N 型半导体制作在同一块硅片上，在它们的交界处就会形成 PN 结。将 PN 结用外壳封装起来，并加上电极引线就构成了二极管。二极管的图形符号如图 1.1 所示。

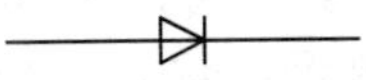

图 1.1　二极管的图形符号

项目编号：1	学习情景：8 位 LED 控制		项目页码：3
姓名：　　　班级：　　　日期：			

如图 1.1 所示，二极管有两个电极，分别为正极(也叫阳极)和负极(也叫阴极)。二极管具有单向导电特性，如表 1.2 所示。

表 1.2　单向导电特性

二极管加正向电压	导通状态，电阻很小，理想情况为 0 Ω
二极管加反向电压	截止状态，电阻很大，理想情况为无穷大

2. 二极管的 *I-U* 曲线

二极管的 *I-U* 曲线如图 1.2 所示。

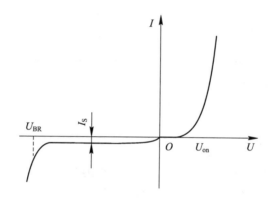

图 1.2　二极管的 *I-U* 曲线

当二极管外加正向电压且外加电压大于 U_{on} 时，二极管的电流按一定指数规律增加，处于导通状态，U_{on} 称为导通电压。不同材料二极管的导通电压不一样，硅管为 0.7 V，锗管为 0.3 V。不同材料发光二极管的导通电压也不一样，典型值取 1.5 V 左右。

当二极管外加反向电压且没有被击穿时，二极管工作在截止状态，电流趋近于 0 A。

3. 发光二极管和光敏二极管的区别

发光二极管是半导体二极管的一种，可以把电能转化成光能，常简写为 LED，工作在正向导通状态，起指示作用。发光二极管的实物图如图 1.3 所示。

光敏二极管也叫光电二极管。光敏二极管与半导体二极管在结构上是类似的，其管芯是一个具有光敏特征的 PN 结，具有单向导电性，工作时需加上反向电压，用于光照强度的检测。当受到光照时，光敏二极管导通，照射强度越大，光电流越大。

项目编号：1		学习情景：8位LED控制		项目页码：4
姓名：	班级：	日期：		

图1.3　贴片发光二极管和插件发光二极管

发光二极管和光敏二极管的图形符号如图1.4所示。

(a) 发光二极管　　　　(b) 光敏二极管

图1.4　发光二极管和光敏二极管的图形符号

4. 发光二极管参数的计算

发光二极管的原理如图1.5所示。

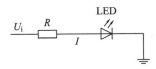

图1.5　发光二极管的原理

发光二极管利用二极管的单向导电特性发光。当输入电压大于导通电压 U_{on}(典型值为 1.5 V)时，发光二极管发光；流过发光二极管的电流 I 越大，发光二极管越亮。流过发光二极管的电流的取值范围一般为 1～20 mA(贴片发光二极管的电流小，插件发光二极管的电流大)，因此，当输入正电压时，应保证流过发光二极管的电流在合理范围内，否则发光二极管会因功率太大而烧毁。

如图1.5所示，根据欧姆定律，流过发光二极管的电流等于电阻 R 上的电流，因此工作电流计算公式如下：

$$I = \frac{U_i - U_{on}}{R} \tag{1.1}$$

图1.5中的电阻 R 起限流作用，用以保证 I 值在合理范围之内，I 值过大会使得 LED 功率过大，容易烧毁 LED，I 值过小则 LED 的发光强度微弱。

项目编号：1	学习情景：8 位 LED 控制		项目页码：5
姓名：　　　班级：　　　日期：			

5. 项目原理图分析

项目开发在蓝桥杯 CT107D 单片机竞赛板 V20 上进行，8 位 LED 控制电路原理图如图 1.6 所示。

(注：本书所有原理图均使用 Altium Designer 绘图软件绘制。)

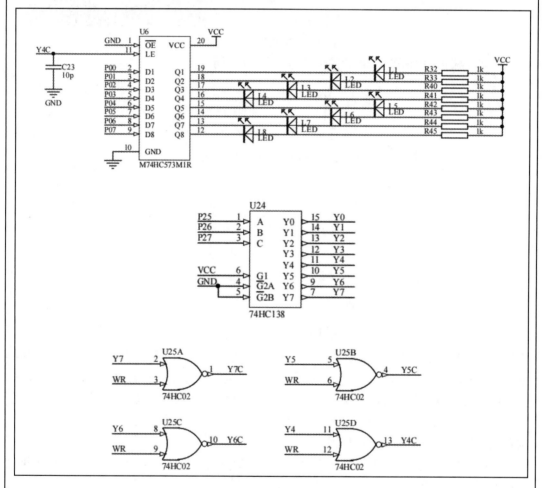

图 1.6　8 位 LED 控制电路原理图

如图 1.6 所示，8 位 LED 的阳极(正极)通过电阻连接在一起，接 VCC，称为共阳接法。此时 LED 低电平有效，即输入低电平，LED 发光；输入高电平，LED 熄灭。

微控制器和 8 位 LED 之间加入由 74HC573 锁存器构成的驱动电路。74HC573 锁存器每一个输出引脚最大能够输出±35 mA 电流，足以满足 LED 发光所需求的工作电流。

项目编号：1	学习情景：8 位 LED 控制		项目页码：6
姓名：　　　　班级：　　　　日期：			

74HC573 锁存器功能：当引脚 LE 为高电平时，输入 D1~D8 传输到 Q1~Q8；当引脚 LE 为低电平时，输出保持不变，锁存当前输出信号。

标号为 U6 的 74HC573 锁存器的 LE 引脚由 U25D 或非门控制。正常工作时 Y4C 要为高电平；Y4C 为高电平，推导出 Y4 为低电平，WR 电路配置为低电平；Y4 由译码器 74HC138 输出控制，Y4 低电平有效时，单片机的输入引脚 P27 = 1，P26 = 0，P25 = 0。

根据图 1.6，程序设计应该遵循如下逻辑：

(1) 单片机的引脚 P00~P07 输出 8 位 LED 控制模式。

(2) 单片机的引脚 P27 = 1，P26 = 0，P25 = 0，标号为 U6 的 74HC573 锁存器引脚 LE 有效，P00~P07 控制 8 位 LED。

(3) 单片机的引脚 P27 = 0，P26 = 0，P25 = 0，标号为 U6 的 74HC573 锁存器引脚 LE 无效，输出信号锁存，8 位 LED 控制模式保持不变。

❓ 引导问题

引导问题 1： 参考图 1.5，说明发光二极管的工作特性和工作原理。

(1) 发光二极管一般在电路中起＿＿＿＿＿＿作用。

(2) 发光二极管利用二极管的＿＿＿＿＿特性。加入正向电压时处于＿＿＿＿＿状态，电阻＿＿＿＿＿；加入反向电压时处于＿＿＿＿＿状态，电阻＿＿＿＿＿。

(3) 与发光二极管串联的电阻主要作用是＿＿＿＿＿，对于 5 V 输入电压 U_i，请写出你觉得合适的电阻值 R =＿＿＿＿＿。

(4) 请查找资料，写出一款发光二极管的电气参数：

二极管的型号：＿＿＿＿＿。

二极管的光色：＿＿＿＿＿。

正向导通电压：＿＿＿＿＿。

工作电流：＿＿＿＿＿。

项目编号：1	学习情景：8 位 LED 控制		项目页码：7
姓名：　　　班级：　　　日期：			

(5) 二极管是电流型控制器件还是电压型控制器件？说明理由。

_____

_____

_____

_____

_____

引导问题 2：请画出高电平有效发光二极管电路和低电平有效发光二极管电路，并说明电阻取值的依据。

(1) 高电平有效发光二极管电路。

　　理由：_____

_____

(2) 低电平有效发光二极管电路。

　　理由：_____

_____

项目编号：1	学习情景：8 位 LED 控制		项目页码：8
姓名：　　　　班级：	日期：		

引导问题 3：根据图 1.6 回答锁存器相关问题。

(1) 图 1.6 中使用的门电路名称是_____。

(2) 图 1.6 中，74HC138 是_____，其功能为_____，

输出_____电平有效。

(3) 图 1.6 中，74HC537 是_____，其功能为_____。查找

74HC537 数据手册，其每一个输出端最大输出电流为_____。

(4) 图 1.6 中，8 个 LED 采用_____接法。

(5) 能否去掉 74HC573，将 8 位发光二极管直接与单片机的 I/O 口连接，请说明理由。

_____(可以/不可以)

_____

_____

_____

_____

引导问题 4：利用 C 语言知识，解释以下函数功能。

```c
// 延时函数(最小约 1ms@12MHz)
void Delay(unsigned int num)
{
    unsigned int i;
    while(num--)
        for(i=0; i<628; i++);
}
```

_____

_____

_____

_____

项目编号：1	学习情景：8 位 LED 控制		项目页码：9
姓名： 班级：	日期：		

 任务实训

任务 1：根据图 1.6，完成任务 1(8 位 LED 从左往右依次点亮，时间间隔为 1 s)。
补充并编译工程文件，生成可执行文件后下载到单片机中，验证效果。

```
#include "reg52.h"
void Cls_Peripheral(void)          //关闭外设
{
   P0 = 0xFF;
   P2 = P2 & 0x1F | 0x80;          // P27~P25 清零，再定位 Y4C
   P2 &= 0x1F;                     // P27~P25 清零
   P0 = 0;
   P2 = P2 & 0x1F | 0xA0;          // P27~P25 清零，再定位 Y5C
   P2 &= 0x1F;                     // P27~P25 清零
}
void Led_Disp(unsigned char ucLed)  // LED 显示
{
   P0 = ~ucLed;
   P2 = P2 & 0x1F | 0x80;          // P27~P25 清零，再定位 Y4C
   P2 &= 0x1F;                     // P27~P25 清零
}
void Delay(unsigned int num)       //延时函数(最小约 1 ms@12 MHz)
{
   unsigned int i;
   while(num--)
       for(i=0; i<628; i++);
}
void main(void)                    //主函数
{
   unsigned char i, j;
   Cls_Peripheral();
   while(1)
```

项目编号：1	学习情景：8 位 LED 控制		项目页码：10
姓名：　　　　班级：	日期：		

```
    {
        _____
        _____
        _____
        _____
        _____
    }
}
```

任务 2：根据图 1.6，完成任务 2(8 位 LED 从右往左依次点亮，时间间隔为 1 s)。
补充并编译工程文件，生成可执行文件后下载到单片机中，验证效果。

```
#include "reg52.h"
void Cls_Peripheral(void)              //关闭外设
{
    P0 = 0xFF;
    P2 = P2 & 0x1F | 0x80;             // P27～P25 清零，再定位 Y4C
    P2 &= 0x1F;                        // P27～P25 清零
    P0 = 0;
    P2 = P2 & 0x1F | 0xA0;             // P27～P25 清零，再定位 Y5C
    P2 &= 0x1F;                        // P27～P25 清零
}
void Led_Disp(unsigned char ucLed)     // LED 显示
{
    P0 = ~ucLed;
    P2 = P2 & 0x1F | 0x80;             // P27～P25 清零，再定位 Y4C
    P2 &= 0x1F;                        // P27～P25 清零
}
void Delay(unsigned int num)           //延时函数(最小约 1 ms@12 MHz)
{   unsigned int i;
    while(num--)
        for(i=0; i<628; i++);
}
```

项目编号：1	学习情景：8 位 LED 控制		项目页码：11
姓名：　　　　班级：	日期：		

```c
void main(void)              //主函数
{
    unsigned char i, j;
    Cls_Peripheral();
    while(1)
    {

        _____

        _____

        _____

        _____

        _____

    }
}
```

任务 3： 根据图 1.6，完成任务 3(8 位 LED 按照流水方式依次点亮，时间间隔 1 s)。补充并编译工程文件，生成可执行文件后下载到单片机中，验证效果。

```c
#include "reg52.h"
void Cls_Peripheral(void)        //关闭外设
{
    P0 = 0xFF;
    P2 = P2 & 0x1F | 0x80;        // P27～P25 清零，再定位 Y4C
    P2 &= 0x1F;                   // P27～P25 清零
    P0 = 0;
    P2 = P2 & 0x1F | 0xA0;        // P27～P25 清零，再定位 Y5C
    P2 &= 0x1F;                   // P27～P25 清零
}
void Led_Disp(unsigned char ucLed)   // LED 显示
{
    P0 = ~ucLed;
    P2 = P2 & 0x1F | 0x80;        // P27～P25 清零，再定位 Y4C
```

项目编号：1	学习情景：8 位 LED 控制		项目页码：12
姓名：　　　　班级：	日期：		

```
    P2 &= 0x1F;              // P27～P25 清零
}void Delay(unsigned int num)     //延时函数(最小约 1 ms@12 MHz)
{
   unsigned int i;
   while(num--)
       for(i=0; i<628; i++);
}
void main(void)              //主函数
{
   unsigned char i, j;
   Cls_Peripheral();
   while(1)
   {
       _____

       _____

       _____

       _____

       _____

   }
}
```

项目编号：1	学习情景：8 位 LED 控制		项目页码：13
姓名：　　　　班级：　　　　日期：			

评价反馈

　　各组代表展示作品，并介绍任务完成情况。作品展示前应准备阐述材料，并完成学生自评表(见表 1.3)。展示完后由老师填写老师评价表(见表 1.4)。

表 1.3　学 生 自 评 表

任　务	完 成 记 录
任务是否按时完成	
相关理论完成情况	
任务完成数量	
材料上交情况	
收获	

表 1.4　老 师 评 价 表

评价项目	教师评价
学习准备	
作品质量	
完成速度	
沟通协作	
参与讨论主动性	

　　注：评价档次统一采用 A(优秀)、B(良好)、C(合格)、D(努力)。

　　　　　　学生签字＿＿＿＿＿＿＿＿＿＿

　　　　　　老师签字＿＿＿＿＿＿＿＿＿＿

　　　　　　完成日期＿＿＿＿＿＿＿＿＿＿

项目 2

数码管显示控制项目开发

项目编号：2	学习情景：数码管显示控制		项目页码：1
姓名： 班级：	日期：		

 学习情景描述

　　数码管在家电及工业控制中有着很广泛的应用，数码管可以用于显示温度、数量、重量、日期、时间等，具有显示醒目、直观的优点。生活中数码管的应用随处可见，比如经过十字路口时，交通灯上的数码管会显示当前亮灯的剩余时间。本项目主要对数码管特性及其工作原理进行讲解，要求学生掌握数码管驱动电路设计方法和程序设计方法。

 学习目标

(1) 掌握数码管的内部构造原理。
(2) 掌握共阳数码管和共阴数码管的段码。
(3) 掌握四位一体数码管用法。
(4) 掌握数码管动态显示和静态显示的工作原理。
(5) 掌握驱动数码管工作电气参数。
(6) 掌握数码管显示原理图分析方法。
(7) 掌握数码管显示程序设计要点。

 任务书

　　利用单片机的 P0 口控制两个四位一体数码管显示数据。
　　任务：两个四位一体的数码管，一个显示 1921，一个显示 1949。

项目编号：2	学习情景：数码管显示控制		项目页码：2
姓名： 班级： 日期：			

 任务分组

填写如表 2.1 所示的任务分组表。

表 2.1 学生任务分组表

班级		组号		专业	
组长		学号		指导老师	
组员	姓名	学号		姓名	学号

 准备知识

1. 数码管分类

在项目开发中，通常需要一些显示设备来显示信息，可选择的显示设备种类繁多，数码管无疑是其中最常用、最简单的显示装置之一。数码管实物如图 2.1 所示。

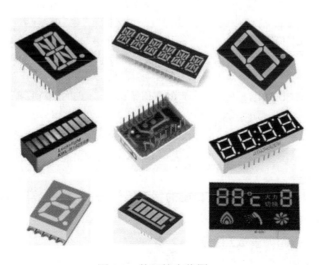

图 2.1 数码管实物图

项目编号：2	学习情景：数码管显示控制	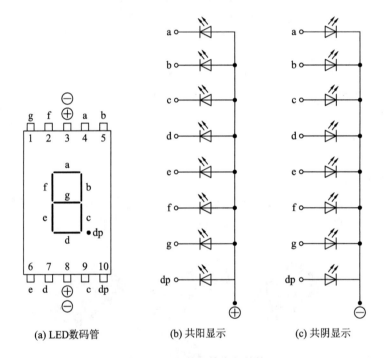	项目页码：3
姓名：　　　班级：　　　日期：			

　　数码管是一种半导体发光器件，其内部结构由发光二极管构成。数码管按段数不同可以分为七段数码管和八段数码管。八段数码管比七段数码管内部多一个发光二极管，多出的发光二极管用于显示小数点。八段数码管内部结构如图 2.2 所示。

　　如图 2.2 所示，数码管按发光二极管连接方式不同分为共阳数码管和共阴数码管。共阳数码管是将内部发光二极管的阳极都连接在一起，接电源。共阴数码管是将内部发光二极管的阴极都连接在一起，接地。

(a) LED数码管　　　　(b) 共阳显示　　　　(c) 共阴显示

图 2.2　八段数码管内部结构

2. 数码管段码

　　共阳数码管和共阴数码管都有相应的字形码(段码)，根据数码管内部结构的接法不一样，对应数码管的字形码也不一样。

　　共阳数码管字形码如表 2.2 所示。

项目编号：2	学习情景：数码管显示控制	项目页码：4
姓名：　　　班级：　　　日期：		

表 2.2　共阳数码管字形码表

字形	dp	g	f	e	d	c	b	a	共阳段码
0	H	H	L	L	L	L	L	L	C0H
1	H	H	H	H	H	L	L	H	F9H
2	H	L	H	L	L	H	L	L	A4H
3	H	L	H	H	L	L	L	L	B0H
4	H	L	L	H	H	L	L	H	99H
5	H	L	L	H	L	L	H	L	92H
6	H	L	L	L	L	L	H	L	82H
7	H	H	H	H	H	L	L	L	F8H
8	H	L	L	L	L	L	L	L	80H
9	H	L	L	H	L	L	L	L	90H

共阴数码管字形码如表 2.3 所示。

表 2.3　共阴数码管字形码表

字形	dp	g	f	e	d	c	b	a	共阴段码
0	L	L	H	H	H	H	H	H	3FH
1	L	L	L	L	L	H	H	L	06H
2	L	H	L	H	H	L	H	H	5BH
3	L	H	L	L	H	H	H	H	4FH
4	L	H	H	L	L	H	H	L	66H
5	L	H	H	L	H	H	L	H	6DH
6	L	H	H	H	H	H	L	H	7DH
7	L	L	L	L	L	H	H	H	07H
8	L	H	H	H	H	H	H	H	7FH
9	L	H	H	L	H	H	H	H	6FH

项目编号：2	学习情景：数码管显示控制		项目页码：5
姓名： 班级： 日期：			

3. 四位一体数码管

四位一体数码管内部集成 4 个数码管，共用 a、b、c、d、e、f、g、dp 8 个段码引脚，四位一体数码管的结构如图 2.3 所示。

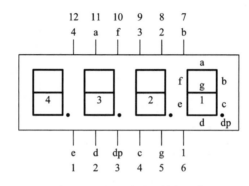

图 2.3 四位一体数码管的结构

如图 2.3 所示，四位一体数码管除了 a、b、c、d、e、f、g、dp 这 8 个段码引脚外，还有 1、2、3、4 共 4 个位选引脚，通过位选引脚可选择使用哪一位数码管，即选择哪一位数码管正常使用。

4. 数码管的静态显示和动态显示

数码管有静态显示和动态显示两种显示方式。

静态显示：每个数码管的段选线必须接一个 8 位数据线来保持显示的字形码。当送入一个字形码后，数码管显示会保持这个字形码不变，直到新的字形码送入，数码管显示才会发生变化。

动态显示：将所有位数的数码管的段选线连接在一起，由位选引脚来控制哪一位数码管有效，选亮数码管采用动态扫描。所谓动态扫描，是指轮流向各位数码管送去字形码和相应的位选码，发光二极管一个一个点亮，但是利用发光管的余晖效应和人眼的视觉暂留效应可以在视觉上实现多位数码管都在同时显示(实则是一个一个发光二极管循环轮流点亮，但处理时间短)的效果。动态显示数码管处理时间控制在 20 ms 以内。

5. 数码管电气参数

八段数码管内部有 8 个发光二极管,1 个发光二极管点亮正常需要电流为 5 mA 左右，当数码管全亮时，此时需要电流为 40 mA 左右，相对于微控制器直接控制单片机而言，数码管全亮是很大的电流支出，需要在微控制器和数码管之间加入驱动电路，例如锁存器、非门等。

项目编号：2	学习情景：数码管显示控制		项目页码：6
姓名： 班级： 日期：			

6. 项目原理图分析

项目开发在蓝桥杯 CT107D 单片机竞赛板 V20 平台上进行，数码管控制原理如图 2.4 所示。

图 2.4 中，有两个四位一体数码管 DS1 和 DS2，这两个四位一体的数码管共用相同的段码引脚 a、b、c、d、e、f、g、dp。图 2.4 中的 com1、com2、com3、com4、com5、com6、com7、com8 称为位选引脚，用于显示哪一位数码管有效。

微控制器和数码管之间加入由 74HC573 锁存器构成的驱动电路。74HC573 锁存器每一个输出引脚能够输出最大电流为 ±35 mA，驱动电路的输出电流足以满足数码管显示所需要的电流。

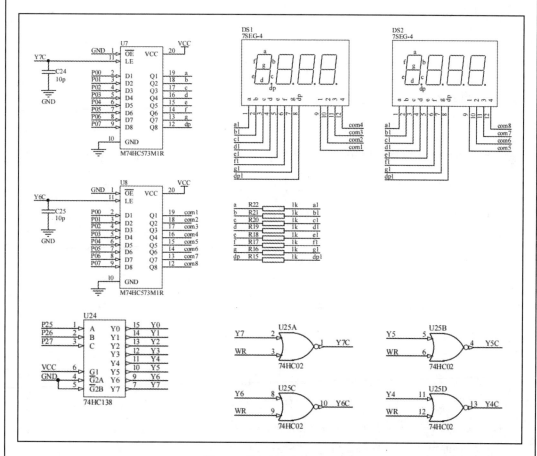

图 2.4   数码管控制原理图

项目编号：2	学习情景：数码管显示控制		项目页码：7
姓名：　　　　班级：　　　　日期：			

标号为 U8 的 74HC573 锁存器的 LE 引脚由 U25C 或非门控制。

正常工作时 Y6C 要为高电平。Y6C 为高电平，推导出 Y6 为低电平，WR 电路配置为低电平。Y6 由译码器 74HC138 输出控制，Y6 低电平有效时，单片机的输入引脚 P27 = 1，P26 = 1，P25 = 0。

标号为 U7 的 74HC573 锁存器的 LE 引脚由 U25A 或非门控制。

正常工作时 Y7C 要为高电平。Y7C 为高电平，推导出 Y7 为低电平，WR 电路配置为低电平。Y7 由译码器 74HC138 输出控制，Y6 低电平有效时，单片机的输入引脚 P27 = 1，P26 = 1，P25 = 1。

？ 引导问题

引导问题 1：说明数码管的工作特性和工作原理。

(1) 数码管一般在电路中起＿＿＿＿＿＿＿＿＿＿作用。

(2) 数码管内部是由＿＿＿＿＿＿＿＿＿＿组成。

(3) 与数码管串联的电阻主要作用是＿＿＿＿＿＿＿＿＿，对于 5 V 输入电压 U_i，请写出你觉得合适的电阻值 $R = $＿＿＿＿＿＿＿＿＿＿。

(4) 请说明七段数码管和八段数码管的区别。

＿＿＿

＿＿＿

＿＿＿

＿＿＿

引导问题 2：请写出数码管显示数字对应的段码。

(1) 八段共阳数码管显示 5，对应段码的十六进制表示为＿＿＿＿＿＿＿＿＿＿。

(2) 八段共阴数码管显示 5，对应段码的十六进制表示为＿＿＿＿＿＿＿＿＿＿。

(3) 请说明共阳数码管和共阴数码管的区别。

项目编号：2		学习情景：数码管显示控制		项目页码：8
姓名：	班级：		日期：	

_____

_____

_____

_____

_____

_____

引导问题 3：何为四位一体数码管？

_____

_____

_____

_____

_____

_____

引导问题 4：根据图 2.4 回答以下问题。

1. 图 2.4 中使用的门电路名称是_____。

2. 图 2.4 中，74HC138 是_____，其功能为_____，输出_____电平有效。

3. 图 2.4 中，74HC537 是_____，其功能为_____。查找 74HC537 数据手册，其每一个输出端最大输出电流为_____。

4. 图 2.4 中，数码管采用_____接法。

5. 能否去掉 74HC573，将数码管直接与单片机的 I/O 口连接，请说明理由。

_____(可以/不可以)

项目编号：2	学习情景：数码管显示控制		项目页码：9
姓名：　　　　班级：　　　　日期：			

_____

_____

_____

_____

_____

引导问题 5： 根据字符转换为数码管段码数组逻辑，补充以下程序。

```c
void Seg_Tran(unsigned char *pucSeg_Buf, unsigned char *pucSeg_Code)
{   //pucSeg_Buf 为字符指针，pucSeg_Code 段码数组
    unsigned char i, j=0, temp;
    for(i=0; i<8; i++, j++)
    {
        switch(pucSeg_Buf[j])
        {// 低电平点亮段，段码[MSB...LSB]对应码顺序为[dp g f e d c b a]
            case '0': temp = 0xc0; break;
            case '1': temp = 0xf9; break;
            case '2': temp = 0xa4; break;
            case '3': temp = _____; break;
            case '4': temp = 0x99; break;
            case '5': temp = 0x92; break;
            case '6': temp = 0x82; break;
            case '7': temp = 0xf8; break;
            case '8': temp = 0x80; break;
            case '9': temp = 0x90; break;
            case 'A': temp = 0x88; break;
            case 'B': temp = _____; break;
            case 'C': temp = 0xc6; break;
            case 'D': temp = 0xA1; break;
            case 'E': temp = 0x86; break;
            case 'F': temp = 0x8E; break;
```

项目编号：2	学习情景：数码管显示控制		项目页码：10
姓名：　　　　班级：　　　　日期：			

```
        case 'H': temp = 0x89; break;
        case 'L': temp = 0xC7; break;
        case 'N': temp = 0xC8; break;
        case 'P': temp = 0x8c; break;
        case 'U': temp = 0xC1; break;
        case '-': temp = 0xbf; break;
        case ' ': temp = 0xff; break;
    _____: temp = 0xff;
      }
      if(pucSeg_Buf[j+1] == '.')
      {
        temp = temp&0x7f;
        j++;
      }
      pucSeg_Code[i] =   ;
    }
  }
```

引导问题 6：根据图 2.4，补充数码管驱动程序。

```
void Seg_Disp(unsigned char *pucSeg_Code, unsigned char ucSeg_Pos)
{
  P0 = 0xff;                      //消隐
  P2 = P2 & 0x1F |_____;     // P27～P25 清零，再定位 Y7C
  P2 &= 0x1F;                     // P27～P25 清零
  P0 = 1<<ucSeg_Pos;              //位选
  P2 = P2 & 0x1F |_____;     // P27～P25 清零，再定位 Y6C
  P2 &= 0x1F;                     // P27～P25 清零
  P0 = pucSeg_Code[ucSeg_Pos];    //段码
  P2 = P2 & 0x1F | 0xE0;          // P27～P25 清零，再定位 Y7C
  P2 &= 0x1F;                     // P27～P25 清零
}
```

项目编号：2		学习情景：数码管显示控制		项目页码：11
姓名：	班级：	日期：		

 任务实训

任务： 根据图 2.4，完成任务(两个四位一体的数码管，一个显示 1921，一个显示 1949)。补充并编译工程文件，生成可执行文件后下载到单片机中，验证效果。

```c
#include "reg52.h"
unsigned char pucSeg_Buf[9], pucSeg_Code[8], ucSeg_Pos;
// 注意：sprintf()会在字符串后面添加"\0"，所以 pucSeg_Buf[]的长度应为 9。
//  如果字符串中包含小数点，pucSeg_Buf[]的长度应为 10。
void Cls_Peripheral(void)
{
    P0 = 0xFF;
    P2 = P2 & 0x1F | 0x80;          // P27～P25 清零，再定位 Y4C
    P2 &= 0x1F;                     // P27～P25 清零
    P0 = 0;
    P2 = P2 & 0x1F | 0xA0;          // P27～P25 清零，再定位 Y5C
    P2 &= 0x1F;                     // P27～P25 清零
}
void main(void)
{
    Cls_Peripheral();
    while(1)
    {



    }
}
```

项目编号：2	学习情景：数码管显示控制		项目页码：12
姓名：　　班级：　　日期：			

🖥 评价反馈

各组代表展示作品，并介绍任务完成情况。作品展示前应准备阐述材料，并完成学生自评表(见表 2.4)。展示完成后由老师填写老师评价表(见表 2.5)。

表 2.4　学 生 自 评 表

任　务	完成记录
任务是否按时完成	
相关理论完成情况	
任务完成数量	
材料上交情况	
收获	

表 2.5　老 师 评 价 表

评价项目	教师评价
学习准备	
作品质量	
完成速度	
沟通协作	
参与讨论主动性	

注：评价档次统一采用 A(优秀)、B(良好)、C(合格)、D(努力)。

学生签字＿＿＿＿＿＿＿＿＿

老师签字＿＿＿＿＿＿＿＿＿

完成日期＿＿＿＿＿＿＿＿＿

项目 3

键盘输入控制项目开发

项目编号：3	学习情景：键盘输入控制		项目页码：1
姓名： 班级：	日期：		

 学习情景描述

　　除了鼠标之外，键盘也是电脑的重要输入设备，键盘可以通过按键将命令、数字和文字等信息传输到计算机中，达到人机交互的目的。键盘作为人机交互最重要的输入设备之一，在生活中无处不在，比如银行 ATM 自助机、智能密码锁等设备都离不开键盘。按键是一种很简单的键盘器件，有按下和弹起两种状态，通过程序设计可以赋予按键固有的特征信息。本项目主要对按键特性、工作原理进行讲解，要求学生掌握按键电路的设计方法和程序设计方法。

 学习目标

(1) 掌握按键的工作原理。
(2) 掌握独立按键和矩阵按键的区别。
(3) 掌握矩阵按键键码识别的工作原理。
(4) 掌握按键控制的原理图分析的方法。
(5) 掌握按键控制程序的设计要点。

 任务书

　　利用单片机的 P0 口控制两个四位一体数码管显示数据。
　　任务 1：独立按键——按键按下时，数码管显示对应按键值。
　　任务 2：矩阵按键——按键按下时，数码管显示对应按键值。

项目编号：3	学习情景：键盘输入控制		项目页码：2
姓名：　　　　班级：　　　　日期：			

任务分组

填写如表 3.1 所示的学生任务分组表。

表 3.1　学生任务分组表

班级		组号		专业	
组长		学号		指导老师	
组员	姓名	学号	姓名		学号

准备知识

1. 按键工作原理

按键作为键盘接口的重要器件，是单片机系统设计非常重要的一环。键盘作为人机交互最常用的输入设备，可以通过按键输入数据或者输入命令来实现简单的人机通信。按键实物如图 3.1 所示。

图 3.1　按键实物图

按键种类很多，有常闭按键、常开按键和自锁按键等，用来实现线路的导通和断开。

项目编号：3	学习情景：键盘输入控制		项目页码：3
姓名：　　　班级：	日期：		

2. 独立按键和矩阵按键

独立按键是指一个按键占用单片机一个 I/O 口，编程简单，单片机只需要检测 I/O 状态就能识别出按键是否按下，但独立按键不适合在需要较多按键的场合使用。在实际应用中经常要用到按键的输入数字、输入字母等功能，如电子密码锁、电话机等，这种场合需要键盘中包括数字按键和功能按键，在这种情况下如果继续使用独立按键，会对单片机 I/O 口的资源造成很大浪费。

矩阵按键也称行列按键，常见矩阵按键为 4 条 I/O 口作为行线，4 条 I/O 口作为列线，在行列交叉点上放置一个按键，这样就构成了 4×4 矩阵按键，利用 8 个单片机的 I/O 资源可以实现 16 个按键键码的识别，极大地提高了单片机 I/O 口的利用率。4×4 矩阵按键实物如图 3.2 所示。

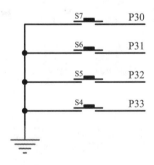

图 3.2　4×4 矩阵按键实物图

3. 按键键码识别的工作原理

独立按键电路原理图如图 3.3 所示，矩阵按键电路原理图如图 3.4 所示。

```
            S7
     ┌──────o o──────  P30
     │      S6
     ├──────o o──────  P31
     │      S5
     ├──────o o──────  P32
     │      S4
     ├──────o o──────  P33
     │
     ─┴─
```

图 3.3　独立按键电路原理

如图 3.3 所示，每一个独立按键占用一个单片机 I/O，当单片机系统检测 I/O 为低电平时，说明此时 I/O 口对应的按键已按下。如图 3.4 所示，4×4 矩阵按键里列连接的 I/O 口不连续，行连接的 I/O 口连续，键码识别采用列连接 I/O 口输出低电平，行连接 I/O 检测 I/O 口状态。

项目编号：3	学习情景：键盘输入控制		项目页码：4
姓名：　　　班级：　　　日期：			

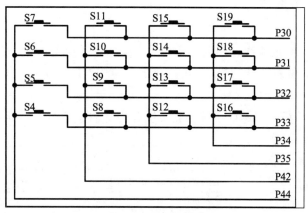

图 3.4   矩阵按键电路原理

矩阵按键行列扫描按键值如表 3.2 所示。

表 3.2   矩阵按键行列扫描按键值

扫描列数	输出 I/O 口				检测 I/O 口状态	按键
	P44	P42	P35	P34	P33～P30	
第一列	L	H	H	H	0111	**S4**
					1011	**S5**
					1101	**S6**
					1110	**S7**
第二列	H	L	H	H	0111	**S8**
					1011	**S9**
					1101	**S10**
					1110	**S11**
第三列	H	H	L	H	0111	**S12**
					1011	**S13**
					1101	**S14**
					1110	**S15**
第四列	H	H	H	L	0111	**S16**
					1011	**S17**
					1101	**S18**
					1110	**S19**

项目编号：3	学习情景：键盘输入控制		项目页码：5
姓名：	班级：　　　　日期：		

如表 3.2 所示，经过 4 次行扫描，每扫描一次，检测一次 P33～P30 I/O 口低 4 位状态。如 S6 按下时，经过四次扫描后二进制数据为 1101 1111 1111 1111，十六进制数为 DFFF。4. 项目原理图分析

项目开发在蓝桥杯 CT107D 单片机竞赛板 V20 平台上进行，矩阵按键控制电路原理图如图 3.5 所示。

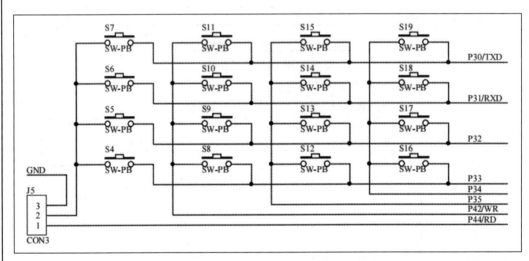

图 3.5　矩阵按键控制电路原理图

如图 3.5 所示，J5 通过跳帽来选择 S4～S7 是作为独立按键使用还是作为矩阵按键使用。

? 引导问题

引导问题 1： 说明按键的工作特性。

(1) 按键一般在电路中作为_____器件。

(2) 按键有两种状态，分别是_____和_____。

项目编号：3	学习情景：键盘输入控制			项目页码：6
姓名：	班级：	日期：		

引导问题 2： 请分别写出独立按键和矩阵按键优缺点，以及各自使用在哪些场合？

_____

_____

_____

_____

引导问题 3： 请简述矩阵键盘的行列扫描原理。

_____

_____

_____

_____

引导问题 4： 按键消抖示意图如图 3.6 所示，请参考该图，简述按键要消抖的原因以及按键消抖的原理。

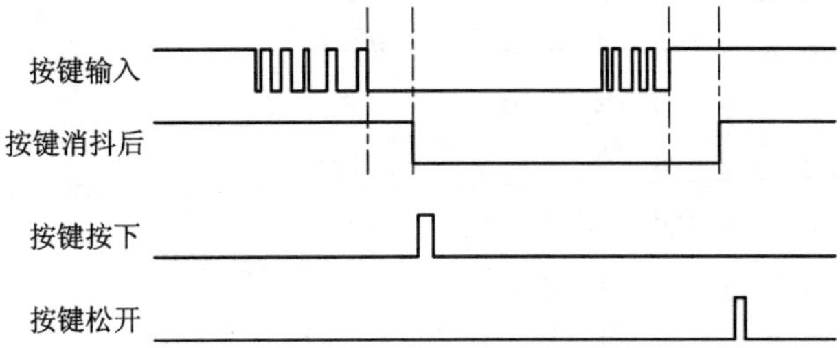

按键输入

按键消抖后

按键按下

按键松开

图 3.6　按键消抖示意图

_____

_____

_____

_____

项目编号：3	学习情景：键盘输入控制		项目页码：7
姓名： 班级： 日期：			

引导问题 5：根据图 3.6，补充矩阵按键的键码识别程序。

```c
unsigned char Key_Read(void)
{
    unsigned int   Key_New;
    unsigned char Key_Val;
    P44 = 0; P42 = 1; P35 = 1; P34 = 1;              //第 1 列
    Key_New = P3;
    P44 = 1; P42 = 0;                                //第 2 列
    Key_New = (Key_New<<4) | (P3&0x0f);
    P42 = 1; P35 = 0;                                //第 3 列
    Key_New = (Key_New<<4) | (P3&0x0f);
    P35 = 1; P34 = 0;                                //第 4 列
    Key_New = (Key_New<<4) | (P3&0x0f);
    switch(~Key_New)
    {
        case_____: Key_Val = 4; break;       // S4
        case 0x4000: Key_Val = 5; break;       // S5
        case 0x2000: Key_Val = 6; break;       // S6
        case 0x1000: Key_Val = 7; break;       // S7
        case 0x0800: Key_Val = 8; break;       // S8
        case 0x0400: Key_Val = 9; break;       // S9
        case 0x0200: Key_Val = 10; break;      // S10
        case 0x0100: Key_Val = 11; break;      // S11
        case 0x0080: Key_Val = 12; break;      // S12
        case 0x0040: Key_Val = 13; break;      // S13
        case 0x0020: Key_Val = 14; break;      // S14
        case 0x0010: Key_Val = 15; break;      // S15
        case 0x0008: Key_Val = 16; break;      // S16
        case 0x0004: Key_Val = 17; break;      // S17
        case 0x0002: Key_Val = 18; break;      // S18
        case 0x0001: Key_Val = 19; break;      // S19
        _____: Key_Val = 0;
```

项目编号：3	学习情景：键盘输入控制		项目页码：8
姓名： 班级：	日期：		

```
    }
    return_____ ;
}
```

 任务实训

任务 1：根据图 3.5，完成任务 1(独立按键——按键按下时，数码管显示对应值)。编译工程文件，生成可执行文件后下载到单片机中，验证效果。

```
#include "reg52.h"
//补充完成初始化变量


void main(void)
{
    Cls_Peripheral();


    while(1)
    {







    }
}
```

项目编号：3		学习情景：键盘输入控制		项目页码：9
姓名：	班级：	日期：		

任务 2：根据图 3.5，完成任务 2(矩阵按键——按键按下时，数码管显示对应按键值)。编译工程文件，生成可执行文件后下载到单片机中，验证效果。

```c
#include "reg52.h"
//补充完成初始化变量



void main(void)
{
    Cls_Peripheral();



    while(1)
    {













    }
}
```

项目编号：3	学习情景：键盘输入控制		项目页码：10
姓名：　　　班级：	日期：		

评价反馈

　　各组代表展示作品，并介绍任务完成情况。作品展示前应准备阐述材料，并完成学生自评表(见表 3.3)，展示完成后由老师填写老师评价表(见表 3.4)。

表 3.3　学 生 自 评 表

任　　务	完 成 记 录
任务是否按时完成	
相关理论完成情况	
任务完成数量	
材料上交情况	
收获	

表 3.4　老 师 评 价 表

评价项目	教师评价
学习准备	
作品质量	
完成速度	
沟通协作	
参与讨论主动性	

　　注：评价档次统一采用 A(优秀)、B(良好)、C(合格)、D(努力)。

　　　　　学生签字＿＿＿＿＿＿＿＿＿＿

　　　　　老师签字＿＿＿＿＿＿＿＿＿＿

　　　　　完成日期＿＿＿＿＿＿＿＿＿＿

项目4

蜂鸣器控制项目开发

项目编号：4	学习情景：蜂鸣器控制		项目页码：1
姓名： 班级： 日期：			

 学习情景描述

　　生活中很多电子产品都带有发声器件，如电子门铃、电子玩具、交通灯、电子密码锁、测温仪器等。当设备发生异常或触发某种条件时，蜂鸣器就会发出警报声。本项目主要对蜂鸣器工作特性、工作原理进行讲解，要求学生掌握蜂鸣器驱动电路的设计方法和程序设计方法。

 学习目标

(1) 掌握蜂鸣器的工作原理。
(2) 掌握蜂鸣器工作电气参数。
(3) 掌握蜂鸣器控制原理图的分析方法。
(4) 掌握蜂鸣器控制程序设计要点。

任务书

利用单片机的 P0 口控制蜂鸣器发声。
任务：独立按键——按键 S7 按下时，蜂鸣器发声，按键 S7 弹起时，蜂鸣器不发声。

项目编号：4	学习情景：蜂鸣器控制		项目页码：2
姓名：　　　　班级：　　　　日期：			

任务分组

填写如表 4.1 所示的任务分组表。

表 4.1　学生任务分组表

班级		组号		专业	
组长		学号		指导老师	
组员	姓名	学号		姓名	学号

准备知识

1. 蜂鸣器简介

蜂鸣器是一种一体化结构的电子讯响器，采用直流电压供电，广泛应用于计算机、打印机、复印机、报警器、电子玩具、电话机、定时器等电子产品中作为发声器件。蜂鸣器主要分为压电式蜂鸣器和电磁式蜂鸣器两种类型。

常用的电磁式蜂鸣器为有源蜂鸣器，有源蜂鸣器实物图如图 4.1 所示。

图 4.1　有源蜂鸣器实物

有源蜂鸣器中的源不是指电源的"源"，而是指有没有自带振荡电路，有源蜂鸣器自带振荡电路，一通电就会发声；无源蜂鸣器则没有自带振荡电路，必须外部提供 2～5 kHz 左右的方波驱动，才能发声。

2. 蜂鸣器工作电气参数

单片机的单个 I/O 口最大可以提供 25 mA 电流(来自数据手册)，而蜂鸣器的驱动电流为 30 mA 左右，两者十分相近，但是全盘考虑，STM32 整个芯片的电流最大 150 mA，如果用单片机 I/O 口直接驱动蜂鸣器，会造成其他地方电流不足，因此，不用单片机的

项目编号：4	学习情景：蜂鸣器控制		项目页码：3
姓名：　　　班级：　　　日期：			

I/O 口直接驱动蜂鸣器，而是通过驱动电路驱动蜂鸣器，这样，单片机的 I/O 口只需要提供不到 1 mA 的电流就能驱动蜂鸣器。

3. 项目原理图分析

项目开发在蓝桥杯 CT107D 单片机竞赛板 V20 平台上进行，蜂鸣器控制电路原理如图 4.2 所示。

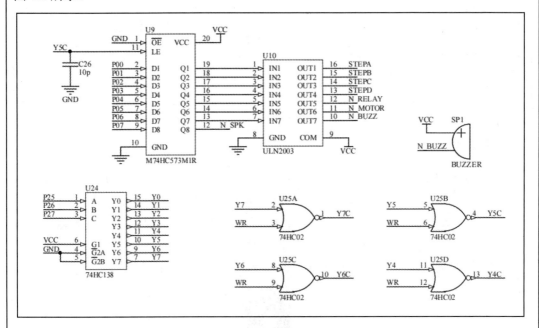

图 4.2　蜂鸣器控制电路原理

注：本书所有原理图均使用 Altium Designer 绘制软件绘制。

微控制器和蜂鸣器之间加入由 74HC573 锁存器构成的驱动电路，74HC573 锁存器每一个输出引脚最大能够输出±35 mA 电流，足以满足蜂鸣器工作所需要的电流。

74HC573 锁存器功能：当引脚 LE 为高电平时，输入 D1～D8 传输到 Q1～Q8；当引脚 LE 为低电平时，输出保持不变，锁存当前输出信号。

标号为 U9 的 74HC573 锁存器的 LE 引脚由 U25B 或非门控制。

正常工作时 Y5C 要为高电平；Y5C 为高电平，推导出 Y5 为低电平，WR 电路配置为低电平；Y5 由译码器 74HC138 输出控制，Y5 低电平有效时，单片机的输入引脚 P27 = 1，P26 = 0，P25 = 1；P06 = 1 输出高电平，ULN2003 输出 N_BUZZ 为低电平，控制蜂鸣器发声。

项目编号：4	学习情景：蜂鸣器控制		项目页码：4
姓名：　　　班级：	日期：		

? 引导问题

引导问题 1：说明蜂鸣器的工作特性。

(1) 蜂鸣器一般在电路中起_____作用。

(2) 5 V 蜂鸣器在正常工作时，所需要的典型工作电流为_____。

引导问题 2：请写出有源蜂鸣器和无源蜂鸣器的区别。

_____

_____

_____

_____

引导问题 3：根据图 4.2 回答以下问题。

(1) 图 4.2 中使用的门电路名称是_____。

(2) 图 4.2 中 74HC138 是_____，其功能为_____，
输出_____电平有效。

(3) 图 4.2 中 74HC537 是_____，其功能为_____。
查找 74HC537 数据手册，其每一个输出端最大输出电流为_____。

(4) 图 4.2 中，蜂鸣器驱动是_____电平有效。

(5) 能否去掉 74HC573，用单片机 I/O 口直接驱动蜂鸣器？请说明理由。

_____(可以/不可以)

_____

_____

_____

_____

项目编号：4	学习情景：蜂鸣器控制		项目页码：5
姓名：　　　　班级：　　　　日期：			

🧑‍💻 任务实训

任务：参考图 4.2，完成任务(独立按键——按键 S7 按下时，蜂鸣器发声，按键 S7 弹起时，蜂鸣器不发声)。

编译工程文件，生成可执行文件后下载到单片机中，验证效果。

```c
#include "reg52.h"
void Cls_Peripheral(void)              //关闭外设
{
    P0 = 0xFF;
    P2 = P2 & 0x1F | 0x80;             // P27～P25 清零，再定位 Y4C
    P2 &= 0x1F;                        // P27～P25 清零
    P0 = 0;
    P2 = P2 & 0x1F | 0xA0;             // P27～P25 清零，再定位 Y5C
    P2 &= 0x1F;                        // P27～P25 清零
}
void Buzzer(unsigned char buzzer)      //蜂鸣器控制
{

    _____

    _____

    P2 = P2 & 0x1F |_____;          // P27～P25 清零，再定位 Y5C
    P2 &= 0x1F;                        // P27～P25 清零
}
void Delay(unsigned int num)           //延时函数(最小约 1 ms@12 MHz)
{
    unsigned int i;
    while(num--)
        for(i=0; i<628; i++);
}
```

项目编号：4		学习情景：蜂鸣器控制		项目页码：6
姓名：	班级：	日期：		

```
    void main(void)              //主函数
    {
      unsigned char i, j;
      Cls_Peripheral();
      while(1)
      {
          _____

          _____

          _____

      }
    }
```

项目编号：4	学习情景：蜂鸣器控制		项目页码：7
姓名：　　　班级：　　　日期：			

评价反馈

　　各组代表展示作品，并介绍任务完成情况。作品展示前应准备阐述材料，并完成学生自评表(见表 4.2)。展示完成后，由老师填写老师评价表(见表 4.3)。

表 4.2　学 生 自 评 表

任　务	完成记录
任务是否按时完成	
相关理论完成情况	
任务完成数量	
材料上交情况	
收获	

表 4.3　老 师 评 价 表

评价项目	教师评价
学习准备	
作品质量	
完成速度	
沟通协作	
参与讨论主动性	

　　注：评价档次统一采用 A(优秀)、B(良好)、C(合格)、D(努力)。

　　　　　学生签字＿＿＿＿＿＿＿＿＿＿

　　　　　老师签字＿＿＿＿＿＿＿＿＿＿

　　　　　完成日期＿＿＿＿＿＿＿＿＿＿

项目 5

中断系统项目开发

项目编号：5	学习情景：中断系统		项目页码：1
姓名： 班级： 日期：			

 学习情景描述

　　生活中，当你在写作业时，电话铃响了，电话铃响让你停止写作业，去接听电话，电话铃响事件就是中断事件。中断是一个随机事件，它随时会到来，如果 CPU 不能及时响应中断请求，会造成中断的丢失。如果中断不能得到及时响应，在某些特定设备上会造成重大灾难，如导弹发射。中断是随机事件，中断要求 CPU 能够及时响应。本项目主要对中断源、中断响应、中断嵌套等进行讲解，要求学生掌握中断的应用场合和中断程序的设计方法。

 学习目标

(1) 掌握中断概念。
(2) 掌握中断响应流程。
(3) 掌握中断源、中断优先级、中断函数、中断嵌套等概念。
(4) 掌握中断方式和查询方式的区别。
(5) 掌握外部中断服务程序设计要点。

 任务书

利用单片机中断系统的知识完成以下任务。
任务：外部中断 0 触发时，取反 LED0 状态；外部中断 1 触发时，取反 LED1 状态。

项目编号：5		学习情景：中断系统		项目页码：2
姓名：	班级：	日期：		

 任务分组

填写如表 5.1 所示的学生任务分组表。

表 5.1　学生任务分组表

班级			组号			专业	
组长			学号			指导老师	
组员	姓名	学号			姓名		学号

 准备知识

1. 中断概念及中断响应流程

中断是指单片机的 CPU 在执行程序过程中，外部有一些事件发生变化，如数据采集结束、电平变化、定时器/计数器溢出等，要求 CPU 立即处理，这时 CPU 暂时停止当前的执行主程序，转去处理中断请求，处理后，再回到原来所执行主程序的地址继续执行暂停的主程序，这个过程称为中断。中断示意图如图 5.1 所示。

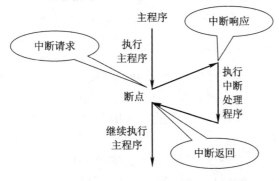

图 5.1　中断示意图

引起 CPU 中断的根源，称为中断源。中断源向 CPU 提出中断请求，CPU 暂时中断原来的事件 A，转去处理事件 B，对事件 B 处理完毕后，再回到原来被中断的地方(即断点)继续执行主程序，称为中断返回。实现上述中断功能的部件称为中断系统。

项目编号：5	学习情景：中断系统		项目页码：3
姓名： 班级： 日期：			

2. 中断源

不同系列的单片机所拥有的中断源的数量不一样，所以在项目开发时，需严格参照单片机的中断系统数据手册。常见 STC 系列单片机中断源类型如图 5.2 所示。

中断源类型	单片机型号							
	STC15F101W系列	STC15F408AD系列	STC15W201S系列	STC15W408AS系列	STC15W408S系列	STC15W1K16S系列	STC15F2K60S2系列	STC15W4K60S4系列
外部中断0(INT0)	√	√	√	√	√	√	√	√
定时器0中断	√	√	√	√	√	√	√	√
外部中断1(INT1)	√	√	√	√	√	√	√	√
定时器1中断					√	√	√	√
串口1中断		√		√	√	√	√	√
A/D转换中断		√		√			√	√
低压检测(LVD)中断	√	√	√	√	√	√		
CCP/PWM/PCA中断		√		√			√	√
串口2中断							√	√
SPI中断		√		√	√	√	√	√
外部中断2(INT2)	√	√	√	√	√	√	√	√
外部中断3(INT3)	√	√	√	√	√	√	√	√
定时器2中断	√	√	√	√	√	√	√	√
外部中断4(INT4)	√	√	√	√	√	√	√	√
串口3中断								√
串口4中断								√
定时器3中断								√
定时器4中断								√
比较器中断			√	√	√	√		√

图 5.2 常见 STC 系列单片机中断源类型(√表示有)

3. 中断优先级

有些中断源拥有 2 个中断优先级。一个正在执行的低优先级中断能被高优先级中断所中断，但不能被另一个低优先级中断所中断。正在执行的中断会一直执行到结束，遇到返回指令 RETI，返回主程序后，再执行一条指令才能被高优先级中断所中断。

中断优先级两个基本规则：① 低优先级的中断可被高优先级中断所中断，反之不能；② 任何一种中断，一旦得到响应，就不能被它同级中断所中断。

对于蓝桥杯 CT107D 单片机竞赛板 V20 使用的单片机中，其默认的优先级由高到低为外部中断 0、定时器 0、外部中断 1、定时器 1、串行中断等。

项目编号：5	学习情景：中断系统		项目页码：4
姓名： 班级：	日期：		

4. 中断号

使用 C 语言编程，当中断触发时，程序会根据中断号进入中断函数里。中断源对应的中断号如表 5.2 所示。

表 5.2 中断源对应中断号

中断源	中断号
外部中断 0	0
定时器 0	1
外部中断 1	2
定时器 1	3
串行中断	4

C 语言对应的中断函数：void 中断函数名() interrupt 中断号

5. 中断嵌套

高优先级的中断请求可以中断 CPU 正在处理的低优先级的中断服务程序，待完成优先级高的中断服务程序后，再继续被中断的低优先级的中断服务程序。中断嵌套示意图如图 5.3 所示。

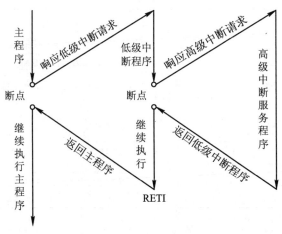

图 5.3 中断嵌套示意图

项目编号：5	学习情景：中断系统		项目页码：5
姓名：	班级： 日期：		

6. 中断系统结构图

如图 5.4 所示，列举出常见 STC 系列单片机 5 个中断源结构图：外部中断 0、定时器 0、外部中断 1、定时器 1、串行中断。

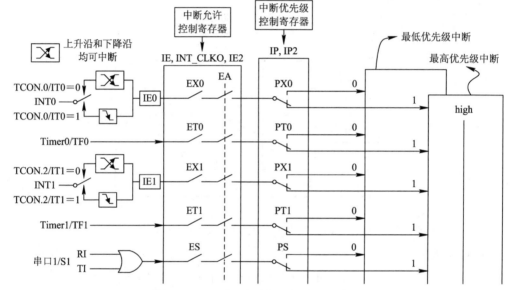

图 5.4　STC 系列单片机中断系统结构图

图 5.4 中寄存器的解释说明如表 5.3 所示。

表 5.3　寄存器控制位解释说明

寄存器控制位	解释说明
EA	总中断允许位
EX0、EX1	外部中断 0、1 中断允许位
ET0、ET1	定时器 0、1 中断允许位
ES	串口中断允许位
IE0、IE1	外部中断 0、1 请求标志位
TF0、TF1	定时器 0、1 溢出标志位
RI、TI	串口的接收、发送标志位
PX0、PX1	外部中断 0、1 优先级控制
PT0、PT1	定时器 0、1 优先级控制
PS	串口优先级控制

项目编号：5	学习情景：中断系统		项目页码：6
姓名：　　　班级：　　　日期：			

7. 中断方式和查询方式的区别

中断方式：事件触发时，CPU 暂时中止现行程序的执行，转去执行为事件服务的中断处理程序。处理完后自动恢复原程序的执行，因此响应更快，更及时。

查询方式：在主函数里面不断循环，查询端口状态，其弊端在于响应速度，在处理事件多、处理流程复杂、函数嵌套执行的情况下，由于处理不过来容易丢失事件。

情景故事：在电话用户接入系统里面，一个单片机管理 1 个电话端口的摘挂机，执行周期要求 8 ms，用查询的方式足够了。但是当电话增加到 16 个，用查询方式，效果差，曾出现过电话响起时(12 个电话齐呼)，拿起话筒，电话还在振铃的情况，明显处理不过来。这个时候，可以采用中断方式根据优先级先响应紧急电话。

？ **引导问题**

引导问题 1：根据图 5.4 图回答以下问题。

(1) 中断源的优先级从高到低依次是：＿＿＿＿＿＿、＿＿＿＿＿＿、＿＿＿＿＿＿、

＿＿＿＿＿＿、＿＿＿＿＿＿(提示：外部中断 0、1，定时器中断 0、1，串行中断)

(2) ＿＿＿＿＿＿和＿＿＿＿＿＿均可以触发外部中断 0 的中断请求。

(3) 当 EA = 1 时，说明＿＿＿＿＿＿＿＿＿＿＿。

(4) 中断请求中的 IE0、TF0、IE1、TF1、RI、TI 这 6 个标志位，在中断响应函数里，哪些标志位由软件清除？哪些标志位由硬件清除？请根据图 5.4 作出合理的推断。

理由：＿＿＿＿＿＿＿＿＿＿＿＿＿＿＿＿＿＿＿＿＿＿＿＿＿＿＿＿＿

＿＿＿＿＿＿＿＿＿＿＿＿＿＿＿＿＿＿＿＿＿＿＿＿＿＿＿＿＿＿＿＿＿＿＿＿

＿＿＿＿＿＿＿＿＿＿＿＿＿＿＿＿＿＿＿＿＿＿＿＿＿＿＿＿＿＿＿＿＿＿＿＿

＿＿＿＿＿＿＿＿＿＿＿＿＿＿＿＿＿＿＿＿＿＿＿＿＿＿＿＿＿＿＿＿＿＿＿＿

＿＿＿＿＿＿＿＿＿＿＿＿＿＿＿＿＿＿＿＿＿＿＿＿＿＿＿＿＿＿＿＿＿＿＿＿

＿＿＿＿＿＿＿＿＿＿＿＿＿＿＿＿＿＿＿＿＿＿＿＿＿＿＿＿＿＿＿＿＿＿＿＿

项目编号：5	学习情景：中断系统		项目页码：7
姓名：　　　班级：　　　日期：			

引导问题 2：请画出中断响应流程图。

提示：中断响应条件为

(1) 有中断源发出中断请求。

(2) 中断总允许位 EA = 1，即 CPU 开中断。

(3) 申请中断的中断源的中断允许位为 1，即中断没有屏蔽。

(4) 无同级或更高级中断正在被服务。

引导问题 3：定义外部中断 0 和定时器 1 中断响应函数名。

(1) 外部中断 0：_____

(2) 定时器 1：_____

引导问题 4：阐述中断方式和查询方式的区别。

区别：_____

_____

_____

引导问题 5：按键触发是否可以采用中断方式？请说明理由。

理由：_____

_____

_____

项目编号：5	学习情景：中断系统		项目页码：8
姓名：　　班级：	日期：		

 任务实训

　　任务：完成任务(外部中断 0 触发时，取反 LED0 状态；外部中断 1 触发时，取反 LED1 状态)。
　　补充并编译工程文件，生成可执行文件后下载到单片机中，验证效果。

```
#include "reg52.h"
unsigned char ucLed;
void Cls_Peripheral(void)          //关闭外设
{
   P0 = 0xFF;
   P2 = P2 & 0x1F | 0x80;          // P27～P25 清零，再定位 Y4C
   P2 &= 0x1F;                     // P27～P25 清零
   P0 = 0;
   P2 = P2 & 0x1F | 0xA0;          // P27～P25 清零，再定位 Y5C
   P2 &= 0x1F;                     // P27～P25 清零
}
void Sys_Init(void)                //系统初始化
{
   _____;                    //外部中断 0 允许位
   IT0 = 1;                        //边沿触发方式(下降沿)
   EX1 = 1;
   IT1 = 1;                        //边沿触发方式(下降沿)
   _____;                    //开启总中断
}
void main(void)                    //主函数
{
   Cls_Peripheral();
   Sys_Init();
   while(1);
}
```

项目编号：5	学习情景：中断系统		项目页码：9
姓名：　　　　　班级：　　　　日期：			

```
    void isr_intr_0(void) interrupt_____        //外部中断 0 中断服务函数
    {
      ucLed ^= 1;
      P0 = ~ucLed;
      P2 = P2 & 0x1F | 0x80;          // P27～P25 清零，再定位 Y4C
      P2 &= 0x1F;                     // P27～P25 清零
    }
    void isr_intr_1(void) interrupt_____        //外部中断 1 中断服务函数
    {
      ucLed ^= 2;
      P0 = ~ucLed;
      P2 = P2 & 0x1F | 0x80;          // P27～P25 清零，再定位 Y4C
      P2 &= 0x1F;                     // P27～P25 清零
    }
```

项目编号：5	学习情景：中断系统		项目页码：10
姓名：　　　 班级：		日期：	

评价反馈

　　各组代表展示作品，并介绍任务完成情况。作品展示前应准备阐述材料，并完成学生自评表(见表 5.4)。展示完成后，由老师填写老师评价表(见表 5.5)。

表 5.4　学 生 自 评 表

任　　务	完 成 记 录
任务是否按时完成	
相关理论完成情况	
任务完成数量	
材料上交情况	
收获	

表 5.5　老 师 评 价 表

评价项目	教师评价
学习准备	
作品质量	
完成速度	
沟通协作	
参与讨论主动性	

　　注：评价档次统一采用 A(优秀)、B(良好)、C(合格)、D(努力)。

　　　　　　学生签字＿＿＿＿＿＿＿＿＿＿

　　　　　　老师签字＿＿＿＿＿＿＿＿＿＿

　　　　　　完成日期＿＿＿＿＿＿＿＿＿＿

项目 6

定时器/计数器控制项目开发

项目编号：6	学习情景：定时器/计数器控制		项目页码：1
姓名：　　　班级：　　　日期：			

 学习情景描述

　　定时器是单片机的重要功能模块之一，在监测、控制领域有广泛的应用。定时器常被用作定时时钟，以实现定时检测、定时响应以及定时控制的功能，比如定时刷新显示、定时采集数据等。现实生活中定时器/计数器的应用案例很多，比如用 12306 购买火车票时，显示火车剩余票数是定时刷新；景区想要统计人流量，显示屏数据是计数器；等等。本项目主要对定时器/计数器的工作原理进行讲解，要求学生掌握定时器/计数器的内部结构图和程序设计方法。

 学习目标

(1) 掌握定时器和计数器本质的区别。
(2) 掌握定时器/计数器的结构及工作原理。
(3) 掌握定时器的定时时间计算方法。
(4) 掌握定时器/计数器中断服务的程序设计要点。

 任务书

　　利用单片机定时器/计数器控制知识完成以下任务。
　　任务 1：利用定时器 1 中断，LED1 以 500 ms 的时间间隔闪烁；LED2 以 1 s 的时间间隔闪烁。
　　任务 2：使用定时器，但不利用定时器中断服务，输出频率为 100 Hz 的方波信号。

项目编号: 6	学习情景: 定时器/计数器控制		项目页码: 2

任务分组

填写如表 6.1 所示的学生任务分组表。

表 6.1 学生任务分组表

班级		组号		专业	
组长		学号		指导老师	
组员	姓名	学号	姓名		学号

准备知识

1. 定时器和计数器的概念及区别

在讲解定时器和计数器之前,需要先明白频率和矩形波的相关概念。

频率为单位时间内(1 s)周期性振动的次数,也就是说单位时间内振动次数越多,频率就越高。例如,频率为 1 MHz,说明 1 s 内,周期性振动次数为 1 000 000 次,将频率为 1 MHz 的信号作为基准源,通过设定测量振荡次数就能够实现定时功能,如定时 0.5 s 时,测量到的振荡次数上限值为 500 000 次。

定时器和计数器的本质都是对脉冲信号进行计数加 1,加法计数;两者的区别是:定时器计数的脉冲信号是内部脉冲信号,而计数器计数的脉冲信号是外部脉冲信号。

2. 定时器和计数器的相关寄存器

定时器/计数器的计数寄存器由 TH 和 TL 构成,TH 是高 8 位,TL 是低 8 位,因此,定时器和计数器的最大计数次数为 $2^{16} = 65\ 536$。

项目编号：6	学习情景：定时器/计数器控制		项目页码：3
姓名：　　班级：　　　日期：			

定时器/计数器的工作模式寄存器 TMOD，字节地址为 89H，不可位寻址。TMOD 寄存器的功能描述如表 6.2 所示。

表 6.2　TMOD 寄存器功能描述

GATE	$C/\overline{T}$	M1	M0	GATE	$C/\overline{T}$	M1	M0
定时器/计数器 1				定时器/计数器 0			

表 6.2 中，TMOD 寄存器功能描述针对程序设计作出重点说明：GATE 为 0 时由软件启动定时器，GATE 为 1 时由软件和外部触发条件共同启动定时器；$C/\overline{T}$ 为 1 时是作为计数器，$C/\overline{T}$ 为 0 时是作为定时器；M1M0 = 00 时 STC15 系列单片机作为 16 位自动重装定时器。

执行定时功能时，定时器 1 典型的值为 TMOD = 0x0F，定时器 0 典型的值为 TMOD = 0xF0。

执行计数功能时，定时器 0 典型的值为 TMOD = 0x4F，定时器 0 典型的值为 TMOD = 0xF4。

定时器/计数器的控制寄存器 TCON，字节地址为 88H，可位寻址，TCON 寄存器的功能描述如表 6.3 所示。

表 6.3　TCON 寄存器功能描述

TF1	TR1	TF0	TR0	IE1	IT1	IE0	IT0

表 6.3 中，TCON 寄存器功能描述针对程序设计作出重点说明：TF1、TF0 为定时器溢出标志位，即溢出超过 65 536 时由硬件置"1"，可响应定时器的中断函数，由硬件自动清"0"。

TR1、TR0 为定时器运行控制位。当 GATE = 0，TR1、TR0 都为 1 时定时器开始计数；当 TR1、TR0 都为 0 时定时器停止计数。

IE0、IE1 为外部中断请求标志位，IT0、IT1 为外部中断触发方式选择位。

TCON 寄存器可以位寻址，在程序设计时，例如使用 TR1=1，可直接对位进行操作。

项目编号：6	学习情景：定时器/计数器控制		项目页码：4
姓名： 班级： 日期：			

3. 定时器/计数器的结构及工作原理

了解定时器/计数器的工作原理需要参考定时器/计数器的结构图，如图 6.1 所示。

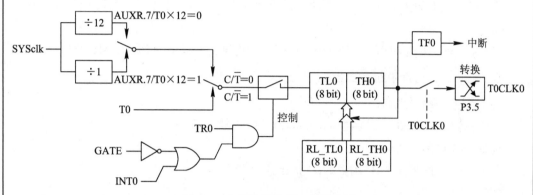

图 6.1 定时器/计数器 0 的结构图

图 6.1 为定时器/计数器 0 的结构图，定时器/计数器 1 的结构图与图 6.1 所示相同。从图 6.1 中的输出部分可知，定时器/计数器 0 在使用中有两大功能：TF0 = 1，产生定时中断；不利用定时器中断、P3.5 引脚输出脉冲波。

定时器/计数器的程序设计逻辑参考图 6.1，例如晶振为 12 MHz，产生 10 ms 定时中断。

(1) AUXR.7/T0 × 12 = 1，时钟频率 12 分频，因此定时器计数的时钟源为 1 MHz，时间为 1 μs。

(2) C/$\overline{\text{T}}$ = 0，作为定时器来使用，对内部时钟源进行计数。

(3) GATE = 0，TR0 = 1，启动定时器 0 开始计数。

(4) 定时器 0 计数的初值为 TH，TL 里装载的值。

(5) 当计数值达到 65 536 时，发生溢出，TF0 置 1，定时器 0 中断响应。

4. 定时器的定时时间计算公式

定时时间由时钟源和计数次数决定，因此计算公式如下：

$$T = (2^{16} - X) \times t \tag{6.1}$$

其中，T 为定时时间，X 为 TH 和 TL 装载初值，t 为时钟源周期。

项目编号：6	学习情景：定时器/计数器控制		项目页码：5
姓名：　　班级：　　日期：			

例如晶振为 12 MHz，产生 10 ms 定时中断。

(1) 时钟源选择确定 $t = 1\ \mu s$。

(2) 产生定时时间为 10 ms，而计数时钟源周期为 1 μs，也就是计数时钟脉冲个数为 10 000。

(3) $X = 65\ 536 - 10\ 000 = 55\ 536$，对应十六进制为 D8F0，TH0 = D8H，TL0 = F0H。

5. 定时器 C 语言中断函数名

定时器 0 中断函数名：

　　void 定时器 0 中断函数名() interrupt 中断号 1

定时器 1 中断函数名：

　　void 定时器 1 中断函数名() interrupt 中断号 3

？引导问题

引导问题 1：掌握定时器和计数器的概念及区别。

(1) 单片机定时器和计数器都是对脉冲信号进行＿＿＿＿＿＿处理。(A 加 1　B 减 1)

(2) 定时器和计数器本质上是一样的，都是对脉冲信号进行计数，定时器是对＿＿＿＿＿＿脉冲计数，而计数器是对＿＿＿＿＿＿脉冲计数。(A 外部　B 内部)

(3) 请查找相关资料，回答脉冲信号频率 f 和周期 T 之间的关系，脉冲信号占空比是表示什么含义？

回答：＿＿＿＿＿＿＿＿＿＿＿＿＿＿＿＿＿＿＿＿＿＿＿＿＿＿＿＿＿＿＿＿＿＿＿＿

＿＿

＿＿

＿＿

＿＿

项目编号：6	学习情景：定时器/计数器控制		项目页码：6
姓名： 班级：	日期：		

引导问题 2：定时器和计数器的使用离不开相关寄存器的配置。

(1) TMOD 是_____寄存器，主要作用是_____。

(2) TCON 是_____寄存器，主要作用是_____。

(3) TH 和 TL 是_____寄存器，主要作用是_____。

(4) $C/\overline{T} = 0$ 时作为定时器使用，在编写程序时是否可以直接写 $C/\overline{T} = 0$？

理由：_____

_____

_____

_____

(5) TR0 = 1 时定时器开始计数，在编写程序时是否可以直接写 TR0 = 1？

理由：_____

_____

_____

_____

引导问题 3：根据图 6.1 中定时器/计数器 0 的结构图回答以下问题。

(1) 图 6.1 中，定时器/计数器 0 在使用时，有两大功能，分别是_____

和_____。

(2) 对于晶振为 12 MHz 的系统时钟，定时器最大定时时间为多少？请写出推导过程。

回答：_____

_____

项目编号：6	学习情景：定时器/计数器控制		项目页码：7
姓名：　　　班级：　　　日期：			

(3) 定时器产生的定时时间为 50 ms 的中断，请写出程序设计的思路，并推导出 TH 和 TL 的值。

回答：＿＿＿＿＿＿＿＿＿＿＿＿＿＿＿＿＿＿＿＿＿＿＿＿＿＿＿＿＿＿＿＿

＿＿＿＿＿＿＿＿＿＿＿＿＿＿＿＿＿＿＿＿＿＿＿＿＿＿＿＿＿＿＿＿＿＿＿＿

＿＿＿＿＿＿＿＿＿＿＿＿＿＿＿＿＿＿＿＿＿＿＿＿＿＿＿＿＿＿＿＿＿＿＿＿

＿＿＿＿＿＿＿＿＿＿＿＿＿＿＿＿＿＿＿＿＿＿＿＿＿＿＿＿＿＿＿＿＿＿＿＿

＿＿＿＿＿＿＿＿＿＿＿＿＿＿＿＿＿＿＿＿＿＿＿＿＿＿＿＿＿＿＿＿＿＿＿＿

＿＿＿＿＿＿＿＿＿＿＿＿＿＿＿＿＿＿＿＿＿＿＿＿＿＿＿＿＿＿＿＿＿＿＿＿

(4) 定时器产生的定时时间为 1 s 的中断，请写出程序设计的思路，并推导出 TH 和 TL 的值。

回答：＿＿＿＿＿＿＿＿＿＿＿＿＿＿＿＿＿＿＿＿＿＿＿＿＿＿＿＿＿＿＿＿

＿＿＿＿＿＿＿＿＿＿＿＿＿＿＿＿＿＿＿＿＿＿＿＿＿＿＿＿＿＿＿＿＿＿＿＿

＿＿＿＿＿＿＿＿＿＿＿＿＿＿＿＿＿＿＿＿＿＿＿＿＿＿＿＿＿＿＿＿＿＿＿＿

＿＿＿＿＿＿＿＿＿＿＿＿＿＿＿＿＿＿＿＿＿＿＿＿＿＿＿＿＿＿＿＿＿＿＿＿

＿＿＿＿＿＿＿＿＿＿＿＿＿＿＿＿＿＿＿＿＿＿＿＿＿＿＿＿＿＿＿＿＿＿＿＿

＿＿＿＿＿＿＿＿＿＿＿＿＿＿＿＿＿＿＿＿＿＿＿＿＿＿＿＿＿＿＿＿＿＿＿＿

项目编号：6	学习情景：定时器/计数器控制		项目页码：8
姓名：　　　班级：　　　日期：			

 任务实训

任务 1：完成任务 1(利用定时器 1 中断，LED1 以 500 ms 的时间间隔闪烁；LED2 以 1 s 的时间间隔闪烁)。

补充定时器 1 中断函数程序设计。

```c
#include "reg52.h"
void Cls_Peripheral(void)
{
    P0 = 0xFF;
    P2 = P2 & 0x1F | 0x80;        // P27～P25 清零，再定位 Y4C
    P2 &= 0x1F;                   // P27～P25 清零
    P0 = 0;
    P2 = P2 & 0x1F | 0xA0;        // P27～P25 清零，再定位 Y5C
    P2 &= 0x1F;                   // P27～P25 清零
}
void Led_Disp(unsigned char ucLed)
{
    P0 = ~ucLed;
    P2 = P2 & 0x1F | 0x80;        // P27～P25 清零，再定位 Y4C
    P2 &= 0x1F;                   // P27～P25 清零
}
void Timer1Init(void)            // 50 毫秒@12.000 MHz
{
    AUXR &= 0xBF;                 //定时器时钟 12T 模式
    TMOD &= 0x0F;                 //设置定时器模式
    TL1 = _____;
    TH1 = _____;             //设置定时初值
    TF1 = 0;                      //清除 TF1 标志
    TR1 = 1;                      //定时器 1 开始计时
    ET1 = 1;                      //允许定时器 1 中断
    EA = 1;                       //允许系统中断
```

项目编号：6	学习情景：定时器/计数器控制		项目页码：9
姓名：　　　　班级：　　　　日期：			

```
    }
    void main(void)
    {
        Cls_Peripheral();
        Timer1Init();
        while(1);
    }
    void Time_1(void) interrupt 3
    {



    }
```

任务 2：完成任务 2(使用定时器，但不利用定时器中断服务，输出频率为 100 Hz 的方波信号)。

请写出定时器/计数器的程序设计的逻辑思路。

项目编号：6	学习情景：定时器/计数器控制		项目页码：10
姓名：　　　班级：　　　日期：			

评价反馈

　　各组代表展示作品，并介绍任务完成情况。作品展示前应准备阐述材料，并完成学生自评表(见表 6.4)。展示完成后，由老师填写老师评价表(见表 6.5)。

表 6.4　学 生 自 评 表

任　务	完成记录
任务是否按时完成	
相关理论完成情况	
任务完成数量	
材料上交情况	
收获	

表 6.5　老 师 评 价 表

评价项目	教师评价
学习准备	
作品质量	
完成速度	
沟通协作	
参与讨论主动性	

　　注：评价档次统一采用 A(优秀)、B(良好)、C(合格)、D(努力)

　　　　　学生签字_____

　　　　　老师签字_____

　　　　　完成日期_____

项目 7

串口通信项目开发

项目编号：7	学习情景：串口通信		项目页码：1
姓名：　　　　班级：　　　　日期：			

 学习情景描述

　　古代的烽火台用来传递战争即将来临的信息，现代传递信息的手段很多，比如手机、电脑等。通信是实现数据交互的重要手段之一，通信能够实现远程的信息交换。通信的形式分为两大类：有线通信和无线通信。通信的方式很多，如有线通信的串口通信、USB 通信等；无线通信的蓝牙通信、Wi-Fi 通信等。本项目主要对有线通信——串口通信的工作原理、协议格式进行讲解，要求学生掌握不同通信电平转换电路和程序设计的方法。

学习目标

(1) 掌握串行通信和并行通信、同步通信和异步通信的区别。
(2) 掌握通信传输方向。
(3) 掌握异步串口通信协议格式。
(4) 掌握串口通信波特率概念。
(5) 掌握不同通信方式电平的区别。
(6) 掌握串口通信原理图的分析方法。
(7) 掌握串口通信中断服务程序的设计要点。
(8) 掌握用 C 语言里 printf 函数来表示串口发送的方法。
(9) 掌握用串口小助手来模拟 PC 端与单片机系统通信的方法。

任务书

　　利用单片机串口通信的知识完成以下任务，串口通信波特率为 9600，无校验位，1位停止位，8 位数据位。
　　任务 1：单片机系统上电，串口通信不停发送"庆祝中国共产党成立 100 周年"字符到串口调试小助手上。
　　任务 2：串口调试小助手与单片机系统相互通信，当串口调试小助手发送 0xAA，单片机系统正确收到 0xAA 数据后，回复 0x55。

项目编号：7	学习情景：串口通信		项目页码：2
姓名：　　　　班级：　　　　日期：			

任务分组

填写如表 7.1 所示的学生任务分组表。

表 7.1　学生任务分组表

班级		组号		专业	
组长		学号		指导老师	
组员	姓名	学号		姓名	学号

准备知识

1. 串行通信和并行通信的区别

串行传输：即串行通信，是指使用一条数据线将数据一位一位地依次传输，每一个数据占据一个固定的时间长度，其只需要几条数据线就可以实现在系统之间交换信息，串行通信特别适用于计算机与计算机、计算机与外设之间的远距离通信。

并行传输：即并行通信，是指数据以成组的方式，在多条并行信道上同时进行传输，并且在传输中有多条数据位同时在设备之间进行传输。

并行通信传输和串行通信传输的原理如图 7.1、图 7.2 所示，当传输一个字节时，并行通信只需要传输 1 次，而串行通信需要传输 8 次。

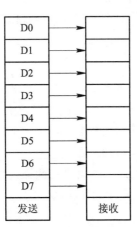

图 7.1　并行通信传输

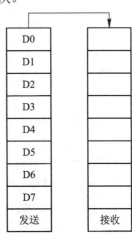

图 7.2　串行通信传输

项目编号：7	学习情景：串口通信		项目页码：3
姓名：　　　班级：　　　日期：			

　　并行通信特点：控制简单，传输速度快；传输线较多，适用于短距离通信。

　　串行通信特点：控制复杂，传输速度慢；只需一根数据线，适用远距离通信。

　　通过比较并行通信和串行通信的特点，并结合单片机系统的资源情况，最终单片机系统采用串行通信的方式，避免使用大量的单片机 I/O 口引脚。

2. 同步通信和异步通信区别

　　同步通信(Synchronous Communication)：同步通信时需要发送方和接收方时钟完全同步，现在很少用了。

　　异步通信(Asynchronous Communication)：不需要同步信号，也不需要知道对方数据什么时候会发送过来，只需要双方按照协议格式来解析即可。

3. 通信传输方向

　　单工：数据只能按一个方向传输，要么发送，要么接收。

　　半双工制：数据可以按两个方向传输，可以实现发送和接收功能，但是不能同时在两个方向上传输。

　　全双工制：数据可以按两个方向传输，可以实现发送和接收功能，并且可以同时在两个方向上传输。

4. 异步串口通信协议格式

　　异步串口通信中发送数据和接收数据都是按照双方约定好的通信协议格式进行数据组帧和数据解析。异步串口通信协议格式如表 7.2 所示。

表 7.2　异步串口通信协议格式

起始位	数据位	校验位	停止位

　　起始位：用低电平 0 表示通信数据起始位。

　　数据位：数据位为真实发送数据或接收数据，通常为一个字节，8 bit。

　　校验位：数据检错方式，1 bit，有奇校验和偶校验。奇校验时，数据位和校验为 1 的个数为奇数；偶校验时，数据位和校验为 1 的个数为偶数。

　　停止位：用高电平 1 表示通信数据停止位。

　　例如，当串口异步通信数据发送数据为 0xAA 时，通信格式选择为数据位 8 bit(低位在前，高位在后)，奇校验，则发送引脚发送出数据为 00101010111。

项目编号：7	学习情景：串口通信		项目页码：4
姓名： 班级： 日期：			

5. 串口通信波特率

波特率(Baud rate)单位 Baud/s，是衡量数据传输速率的指标。常见波特率有 2400、4800、9600、19200 等。

问：串口传输速率为 9600 b/s，每秒可传输多少字节？假设起始位为 1 位，数据位为 8 位，校验位为 0 位，停止位为 1 位。

答：传输 1 字节数据，需要传输 10 bit，因此

$$\frac{9600}{10} = 960 \text{ Byte}$$

即串口传输速率为 9600 b/s 时，波特率为 960 Baud/s。

异步通信必须确保发送方和接收方的波特率保持一致。

6. 通信接口电平标准及转换芯片

通信接口电平标准如表 7.3 所示。

表 7.3 通信接口电平标准

通信接口	电平标准
5 V TTL	逻辑 1：2.4～5 V 逻辑 0：0～0.5 V
USB 电平	5 V 供电的差分信号 逻辑 1：D+ 比 D- 大 200 mV 逻辑 0：D- 比 D+ 大 200 mV
RS232 电平	逻辑 1：-15～-3 V 逻辑 0：+3～+15 V

单片机系统属于 TTL 电平，笔记本电脑为 USB 接口，台式电脑除了 USB 接口还有 RS232 接口。从表 7.3 可知，不同通信接口电平范围不一样，因此单片机系统与笔记本电脑 USB 接口连接时，必须在两者之间加入电平转换芯片，如转换芯片 CH340，可实现 TTL 电平与 USB 电平之间相互转换。

7. 设计串行通信程序的相关知识要点

串行通信至少需要 3 根线：发送线 TXD、接收线 RXD、地线 GND。

串行通信的发送数据和接收数据在程序设计时应该注意以下几点：

(1) 当处理数据量很大时，发送数据和接收数据均采用中断方式，可以提高 CPU 的处理效率。

项目编号：7	学习情景：串口通信		项目页码：5
姓名： 班级：	日期：		

（2）当处理数据量不大时，建议发送数据采用查询方式，接收数据采用中断方式。

C 语言设计串行通信的发送数据用查询方式。

```
void Uart_Send_byte(u8 byte)
{
    ES=0;
    SBUF = byte ;
    while(TI==0);              //数据在发送时 TI = 0，当发送完成 TI = 1
    TI = 0 ;                   //清除发送完成标志位
    ES=1;                      //发送数据时记得关中断，避免 TI = 1 时响应中断
}
```

C 语言设计串行通信的接收数据用中断方式。

```
void uart_0(void) interrupt 4    //串口 0 的中断序号为 4
{
    if(RI==1)                    //RI = 1 时表明数据接收完成
    {
        RxBuffer= SBUF;
        RI = 0;
    }
}
```

SBUF 即串口数据缓冲寄存器，STC 系列串口 0 有两个在物理上独立的串行数据缓冲寄存器 SBUF，这两个缓冲寄存器共用一个地址 99H(它们都是字节寻址的寄存器，字节地址均为 99H)，这个重叠的地址靠读/写指令加以区别。

8. 修改底层函数 putchar 实现 printf 函数打印串口发送数据

查看 keil 的帮助文件里面的 printf 函数说明，原来 printf 函数最终是通过调用 putchar 函数来实现打印输出字符的。

注意：printf 重定向功能，即用户自己定义 putchar 函数。

```
//UART1 发送串口数据
void UART1_SendData(char dat)
{
    ES=0;                //关串口中断
    SBUF=dat;
    while(TI!=1);        //等待发送成功
```

项目编号：7	学习情景：串口通信		项目页码：6
姓名：　　班级：　　日期：			

```
    TI=0;              //清除发送中断标志
    ES=1;              //开串口中断
}
//UART1 发送字符串
void UART1_SendString(char *s)
{
    while(*s)          //检测字符串结束符
    {
        UART1_SendData(*s++);     //发送当前字符
    }
}
//重写 putchar 函数
char putchar(char c)
{
    UART1_SendData(c);
    return c;
}
```

❓ 引导问题

引导问题 1：掌握通信的相关概念。

(1) 传输 1 bit 要花费 1 μs 的时间，对于传输 8 bit 数据，8 位并行通信方式花费时间为＿＿＿μs，串行通信花费时间为＿＿＿μs。

(2) 简述同步通信和异步通信的区别。

区别：＿＿＿＿＿＿＿＿＿＿＿＿＿＿＿＿＿＿＿＿＿＿＿＿＿＿＿＿＿

＿＿＿＿＿＿＿＿＿＿＿＿＿＿＿＿＿＿＿＿＿＿＿＿＿＿＿＿＿＿＿＿＿

＿＿＿＿＿＿＿＿＿＿＿＿＿＿＿＿＿＿＿＿＿＿＿＿＿＿＿＿＿＿＿＿＿

＿＿＿＿＿＿＿＿＿＿＿＿＿＿＿＿＿＿＿＿＿＿＿＿＿＿＿＿＿＿＿＿＿

项目编号：7	学习情景：串口通信		项目页码：7
姓名：　　　班级：　　　日期：			

(3) 请查找相关资料，串口通信和网络通信的传输方向是半双工还是全双工？

回答：＿＿＿＿＿＿＿＿＿＿＿＿＿＿＿＿＿＿＿＿＿＿＿＿＿＿＿＿＿＿＿＿＿

＿＿＿＿＿＿＿＿＿＿＿＿＿＿＿＿＿＿＿＿＿＿＿＿＿＿＿＿＿＿＿＿＿＿＿＿＿＿

＿＿＿＿＿＿＿＿＿＿＿＿＿＿＿＿＿＿＿＿＿＿＿＿＿＿＿＿＿＿＿＿＿＿＿＿＿＿

＿＿＿＿＿＿＿＿＿＿＿＿＿＿＿＿＿＿＿＿＿＿＿＿＿＿＿＿＿＿＿＿＿＿＿＿＿＿

引导问题 2： 参考表 7.2，回答串口通信协议格式的相关问题。

(1) 简述通信协议格式中奇校验位和偶校验位的判断依据。

回答：＿＿＿＿＿＿＿＿＿＿＿＿＿＿＿＿＿＿＿＿＿＿＿＿＿＿＿＿＿＿＿＿＿

＿＿＿＿＿＿＿＿＿＿＿＿＿＿＿＿＿＿＿＿＿＿＿＿＿＿＿＿＿＿＿＿＿＿＿＿＿＿

＿＿＿＿＿＿＿＿＿＿＿＿＿＿＿＿＿＿＿＿＿＿＿＿＿＿＿＿＿＿＿＿＿＿＿＿＿＿

＿＿＿＿＿＿＿＿＿＿＿＿＿＿＿＿＿＿＿＿＿＿＿＿＿＿＿＿＿＿＿＿＿＿＿＿＿＿

(2) 发送数据为 100，低位在前，高位在后，采用偶校验，写出发送二进制数并画波形。

回答：＿＿＿＿＿＿＿＿＿＿＿＿＿＿＿＿＿＿＿＿＿＿＿＿＿＿＿＿＿＿＿＿＿

＿＿＿＿＿＿＿＿＿＿＿＿＿＿＿＿＿＿＿＿＿＿＿＿＿＿＿＿＿＿＿＿＿＿＿＿＿＿

＿＿＿＿＿＿＿＿＿＿＿＿＿＿＿＿＿＿＿＿＿＿＿＿＿＿＿＿＿＿＿＿＿＿＿＿＿＿

＿＿＿＿＿＿＿＿＿＿＿＿＿＿＿＿＿＿＿＿＿＿＿＿＿＿＿＿＿＿＿＿＿＿＿＿＿＿

波形：

引导问题 3： 请回答串口波特率的相关问题。

(1) 波特率的单位是＿＿＿＿＿＿＿＿，其表示的含义为＿＿＿＿＿＿＿＿。

(2) 波特率数值越＿＿＿＿＿＿＿＿，表明串口传输速度越快。

(3) 串口传输速率为 4800 b/s，每秒可传输多少字节？

起始位：1　　　数据位：8　　　校验位：0　　　停止位：1

项目编号：7	学习情景：串口通信		项目页码：8
姓名：　　　班级：　　　日期：			

回答：_____

_____

_____

_____

引导问题 4： 请回答通信接口电平的相关问题。

为什么要在单片机系统与笔记本电脑 USB 接口中间加入芯片 CH340？

回答：_____

_____

_____

_____

引导问题 5： 数据处理有查询方式和中断方式，在串口通信程序设计时，发送数据和接收数据分别采用什么方式？依据是什么？

回答：_____

_____

_____

_____

任务实训

任务 1： 完成任务 1(单片机系统上电，串口通信不停发送"庆祝中国共产党成立 100 周年"字符到串口调试小助手上)。

```
#include "reg52.h"
void UartInit(void)                    // 4800b/s@12.000 MHz
{
```

项目编号：7	学习情景：串口通信		项目页码：9
姓名：　　　　班级：	日期：		

```
        SCON = 0x50;              // 8 位数据，可变波特率
        AUXR |= 0x01;             //串口 1 选择定时器 2 为波特率发生器
        AUXR |= 0x04;             //定时器 2 时钟为 Fosc，即 1T
        T2L = 0x8F;               //设定定时初值
        T2H = 0xFD;               //设定定时初值
        AUXR |= 0x10;             //启动定时器 2
        _____;              //允许串口中断
    }
    void UART1_SendData(char dat)  //UART1 发送串口数据
    {
        ES=0;                     //关串口中断
        SBUF=dat;
        while(TI!=1);             //等待发送成功
        TI=0;                     //清除发送中断标志
        ES=1;                     //开串口中断
    }
    void UART1_SendString(char *s)  // UART1 发送字符串
    {
        while(*s)                 //检测字符串结束符
        {
            UART1_SendData(*s++);  //发送当前字符
        }
    }
    char putchar(char c)          //重写 putchar 函数
    {
        UART1_SendData(c);
        return c;
    }
    void main(void)
    {
      UartInit();
```

项目编号：7	学习情景：串口通信		项目页码：10
姓名： 班级： 日期：			

```
    while(1)

        _____

        _____

    }
```

任务 2： 完成任务 2(串口调试小助手与单片机系统相互通信，当串口调试小助手发送 0xAA，单片机系统正确收到 0xAA 数据后，回复 0x55)。

在任务 1 的基础上增加串口中断函数：

```
void main(void)
{
    UartInit();
    while(1);
}
void uart_0(void) interrupt_____

    {

        _____

        _____

        _____

        _____

        _____

        _____

    }
```

项目编号：7	学习情景：串口通信		项目页码：11
姓名： 　班级：	日期：		

评价反馈

　　各组代表展示作品，并介绍任务完成情况。作品展示前应准备阐述材料，并完成学生自评表(见表7.4)。完成任务后，由老师填写老师评价表(见表7.5)。

表7.4　学生自评表

任　务	完成记录
任务是否按时完成	
相关理论完成情况	
任务完成数量	
材料上交情况	
收获	

表7.5　老师评价表

评价项目	教师评价
学习准备	
作品质量	
完成速度	
沟通协作	
参与讨论主动性	

　　注：评价档次统一采用 A(优秀)、B(良好)、C(合格)、D(努力)。

学生签字_____

老师签字_____

完成日期_____

项目 8

温度采集项目开发

项目编号：8	学习情景：温度采集		项目页码：1
姓名：　　　班级：　　　日期：			

 学习情景描述

　　人体对温度非常敏感，温度的变化也时刻影响着人的活动，所以人类设计了种类繁多的温度计来辅助人们更好地生活，生活中也处处都有各式各样的温度传感器来感知周围的温度变化。本项目主要对温度传感器——DS18B20 的基本特性和时序协议进行讲解，要求学生掌握使用 DS18B20 读取温度。

学习目标

(1) 掌握 DS18B20 的基本特性。
(2) 掌握 DS18B20 的温度数据格式。
(3) 掌握使用 DS18B20 读取温度值的时序协议。

任务书

利用单片机板载外设 DS18B20 完成以下任务。
任务 1：编写读取温度的代码。
任务 2：将读取出来的温度显示在数码管上。
任务 3：当温度超过 40℃时，全部 LED 点亮；当温度在 30～40℃时，有 3 个 LED 点亮；当温度在 20～30℃时，有 2 个 LED 点亮；当温度在 10～20℃时，有 1 个 LED 点亮；当温度在 10℃以下时，全部 LED 熄灭。

项目编号：8	学习情景：温度采集			项目页码：2
姓名：	班级：	日期：		

 任务分组

填写如表 8.1 所示的学生任务分组表。

表 8.1　学生任务分组表

班级			组号		专业	
组长			学号		指导老师	
组员	姓名	学号		姓名		学号

 **准备知识**

1. DS18B20 的基本特性

DS18B20 是常用的数字温度传感器，具有体积小、硬件开销低、抗干扰能力强、精度高的特点。数字温度传感器 DS18B20 接线方便，DS18B20 的接线原理如图 8.1 所示。

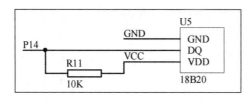

图 8.1　DS18B20 的接线原理

单线数字温度传感器 DS18B20 是单总线协议器件，其具有独特的优点：

(1) 采用单总线的接口方式，仅需要一根数据线即可实现微控制器与 DS18B20 的双向通信，单总线具有经济性好、抗干扰能力强的优点，适用于恶劣环境的现场温度测量。

(2) 测量温度范围宽，测量精度高。DS18B20 的测量范围为 -55～+125℃；在 -10～+85℃范围内，精度为±0.5℃。

(3) 一根数据线上可挂接多个 DS18B20 设备，极大地节约了控制器的管脚资源分配。

(4) 供电方式灵活，DS18B20 可以通过内部寄生电路从数据线上获取电源。因此，当数据线上的时序满足一定要求时，可以不接外部电源，使系统结构更简单，可靠性更强。

(5) 测量参数可配置。DS18B20 的测量分辨率可通过程序设定 9～12 位。

项目编号：8	学习情景：温度采集		项目页码：3
姓名：　　　　班级：　　　　日期：			

(6) 负压特性电源极性接反时，温度计不会因发热而烧毁，但温度传感器不能正常工作。

(7) 掉电保护功能。DS18B20 内部含有 EEPROM，在测温系统掉电以后，它仍可保存已经设置好的分辨率及报警温度的设定值。

DS18B20 具有体积小、适用电压宽、经济、可选小的封装方式等特点，适用于构建自己的经济型测温系统，因此被设计者们所青睐。

2. DS18B20 的温度数据格式

DS18B20 数据手册精度说明如图 8.2 所示。

OPERATION—MEASURING TEMPERATURE

The core functionality of the DS18B20 is its direct-to-digital temperature sensor. The resolution of the temperature sensor is user-configurable to 9, 10, 11, or 12 bits, corresponding to increments of 0.5℃, 0.25℃, 0.125℃, and 0.0625℃, respectively. The default resolution at power-up is 12-bit. The DS18B20 powers up in a low-power idle state. To initiate a temperature measurement and A-to-D conversion, the master must issue a Convert T [44h] command. Following the conversion, the resulting thermal data is

图 8.2　DS18B20 数据手册精度说明

由图 8.2 可知，温度传感器的分辨率可由用户配置为 9 位、10 位、11 位或 12 位，对应的增量分别为 0.5℃、0.25℃、0.125℃和 0.0625℃。DS18B20 上电后温度分辨率默认为 12 位。在本项目中，也是使用 12 位分辨率的温度传感器。

DS18B20 输出的温度数据以摄氏度为单位进行校准。对于华氏度应用程序，必须使用查找表或转换例程。温度数据以 16 位符号扩展二进制补码形式存储在温度寄存器中，DS18B20 的温度存储格式如图 8.3 所示。符号位(S)指示温度是正还是负：正数 S = 0 和负数 S = 1。如果 DS18B20 配置为 12 位分辨率，则温度寄存器中的所有位都将包含有效数据。

	BIT 7	BIT 6	BIT 5	BIT 4	BIT 3	BIT 2	BIT 1	BIT 0
LS BYTE	2^3	2^2	2^1	2^0	2^{-1}	2^{-2}	2^{-3}	2^{-4}

	BIT 15	BIT 14	BIT 13	BIT 12	BIT 11	BIT 10	BIT 9	BIT 8
MS BYTE	S	S	S	S	S	2^6	2^5	2^4

S = SIGN

图 8.3　DS18B20 的温度存储格式

对于 11 位分辨率，位 0 未定义。对于 10 位分辨率，位 1 和位 0 未定义，对于 9 位分辨率，位 2、位 1 和位 0 未定义。12 位分辨率与实际温度值的转换如图 8.4 所示。图 8.4 给出了 12 位分辨率转换的数字输出数据和相应温度读数的示例。

项目编号：8	学习情景：温度采集		项目页码：4
姓名：　　班级：　　日期：			

温度/℃	数值输出(二进制)	数值输出(十六进制)
+125	0000 0111 1101 0000	07D0h
+85*	0000 0101 0101 0000	0550h
+25.0625	0000 0001 1001 0001	0191h
+10.125	0000 0000 1010 0010	00A2h
+0.5	0000 0000 0000 1000	0008h
0	0000 0000 0000 0000	0000h
−0.5	1111 1111 1111 1000	FFF8h
−10.125	1111 1111 0101 1110	FF5Eh
−25.0625	1111 1110 0110 1111	FE6Fh
−55	1111 1100 1001 0000	FC90h

温度寄存器上电后的复位值为85℃。

图 8.4　12 位分辨率与实际温度值的转换

如图 8.4 所示，以 +25.0625 为例，温度传感器传过来的值为 0000 0001 1001 0001，最高位都为 0 表示为整数，$2^4 + 2^3 + 2^0 + 2^{-4} = 25.0625$。再以 −10.125 举例子，温度传感器读取值为 1111 1111 0101 1110，其中高八位 1 表示符号位，代表这是一个负数。温度存储是以类似于计算机中的"补码"的形式存储的，将该数值以"补码"形式计算出对应的十进制数，将 1111 1111 0101 1110 先减 1，得到 1111 1111 0101 1101，再按位取反，得到 0000 0000 1010 0010，即 $2^3 + 2^1 + 2^{-3} = 10.125$。由于最高位为 1 表示负数，那么 10.125 就表示 −10.125。

85℃为上电后读取到的复位值。

3. DS18B20 读取温度值的时序协议

DS18B20 初始化时序如图 8.5 所示。

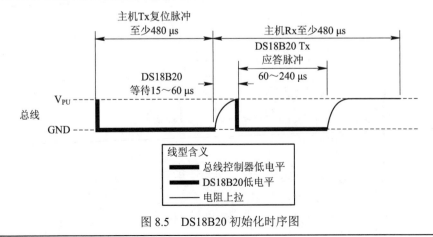

图 8.5　DS18B20 初始化时序图

项目编号：8	学习情景：温度采集		项目页码：5
姓名：　　　班级：　　　日期：			

图 8.5 为 DS18B20 的初始化时序，首先把 DQ 管脚置为高电平，然后低电平维持至少 480 μs，接着是 DS18B20 等待主机发来的 15~60 μs 的高电平。高电平结束后，等待温度传感器向主机发送电平状态。若该线上存在 DS18B20，那么就会发送 60~240 μs 的低电平，若该线上不存在 DS18B20，那么就会持续为高电平。因此，在温度传感器向主机发送电平状态时读取温度 DQ 管脚的电平状态，就可以知道是否存在 DS18B20。

写 0/1 时序如图 8.6 所示。

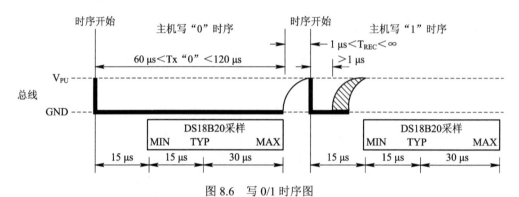

图 8.6　写 0/1 时序图

写周期最少需要 60 μs，最长不超过 120 μs。写周期一开始，作为主机先把总线拉低 1 μs 表示写周期开始。随后若主机想写 0，则继续拉低电平最少 60 μs 直至写周期结束，然后释放总线为高电平。若主机想写 1，在一开始拉低总线电平 1 μs 后就释放总线为高电平，直到写周期结束。而作为从机的 DS18B20 则在检测到总线被拉底后，等待 15 μs，然后从 15 μs 到 45 μs 的采样周期对总线采样，在采样期内总线为高电平则为 1，在采样期内总线为低电平则为 0。对于一个字节的数据来说，写时序是先发低位，再发高位。

读 0/1 时序如图 8.7 所示。

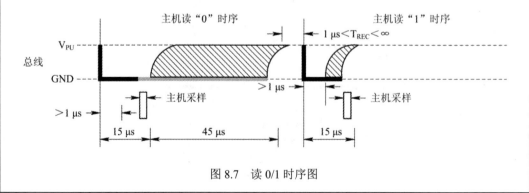

图 8.7　读 0/1 时序图

项目编号：8	学习情景：温度采集		项目页码：6
姓名：　　　班级：　　　日期：			

　　对于读数据操作时序也分为读 0 时序和读 1 时序两个过程。读时隙是从主机把单总线拉低之后，等待 1 μs 后就得释放单总线为高电平，以让 DS18B20 将数据传输到单总线上。DS18B20 在检测到总线被拉低 1 μs 后，便开始送出数据，若要送出 0 则把总线拉为低电平直到读周期结束；若要送出 1 则释放总线为高电平。主机在一开始拉低总线 1 μs 后释放总线，然后在包含总线被拉低总线电平 1 μs 在内的 15 μs 时间内完成对总线的采样检测，采样期内总线为低电平则确认为 0；采样期内总线为高电平则确认为 1。完成一个读时序过程，至少需要 60 μs。单片机从 DS18B20 中读取一个字节的数据，是先读低位，再读高位。

　　DS18B20 中读取一次温度。先在 DS18B20 内部进行一次温度转换，再从 DS18B20 的 RAM 中读出温度值。让 DS18B20 进行一次温度转换的操作需要让主机先作个复位操作，主机再写跳过 ROM 的操作(CCH)命令，然后主机再接着写个转换温度的操作命令，最后释放总线至少 1 s，让 DS18B20 完成转换的操作。而从 DS18B20 的 RAM 中读出温度值则也是先让主机先发出复位操作，主机再发出跳过对 ROM 操作的命令(CCH)和读取 RAM 的命令(BEH)。最后主机就可以从 DS18B20 中读取温度，主机会先读低 8 位数据，再读取高 8 位数据。

 引导问题

　　引导问题 1：参考准备知识中的 DS18B20 中的温度数据格式转换，如图 8.4 所示。写出下面 DS18B20 输出的温度数据对应的二进制数，并写出推导过程。

+25.125℃、+50.0625℃、−43.125℃、−20.5℃

_____

_____

_____

_____

_____

_____

_____

项目编号：8	学习情景：温度采集		项目页码：7
姓名：　　　班级：　　　日期：			

引导问题 2：从时序的角度说明下面两个函数实现的功能。

```
bit init_DS18B20(void)
{
    bit initflag = 0;
    DQ = 1;
    Delay_OneWire(12);
    DQ = 0;
    Delay_OneWire(80);
    DQ = 1;
    Delay_OneWire(10);
    initflag = DQ;
    Delay_OneWire(5);
    return initflag;
}
void Write_DS18B20(unsigned char dat)
{
    unsigned char i;
    for(i=0;i<8;i++)
    {   DQ = 0;
        DQ = dat&0x01;
        Delay_OneWire(5);
        DQ = 1;
        dat >>= 1;
    }
    Delay_OneWire(5);
}
```

_____

_____

_____

_____

_____

项目编号：8	学习情景：温度采集		项目页码：8
姓名：　　　班级：　　　日期：			

引导问题 3：将单片机读取 DS18B20 一个字节数据的代码补充完整。

```
unsigned char Read_DS18B20(void)
{
    unsigned char i;
    unsigned char dat;
    for(i=0;i<8;i++)
    {
        DQ = 0;
        _____
        DQ = 1;
        if(DQ)
        {
            _____
        }
        Delay_OneWire(5);
    }
    return dat;
}
```

 任务实训

任务 1：根据 DS18B20 读取温度值的时序协议，补充下面代码，完成任务 1(编写读取温度的代码)。

```
unsigned int rd_temperature(void)
{
    unsigned char low, high;
    init_DS18B20();                //初始化
    _____
    _____
    init_DS18B20();
```

项目编号：8	学习情景：温度采集		项目页码：9
姓名： 班级：	日期：		

_____

_____

```
    low = Read_DS18B20();          //低字节
    high = Read_DS18B20();         //高字节
    return (high<<8)+low;
}
```

任务 2：完成任务 2(在死循环中完成温度的读取，并将读取的温度在数码管上显示出来)。

```
#include "seg.h"
#include "DS18B20.h"
void main(){
    unsigned int temper;
    seg_init();
    while(1){

        _____

        _____

        _____

        _____

        _____

        _____

    }
}
```

项目编号：8	学习情景：温度采集		项目页码：10
姓名：　　班级：　　日期：			

　　任务 3：补充下面的代码，完成任务 3(当温度超过 40℃时，全部 LED 点亮；当温度在 30～40℃时，有 3 个 LED 点亮，当温度在 20～30℃时，有 2 个 LED 点亮；当温度在 10～20℃时，有 1 个 LED 点亮；当温度 10℃以下时，全部 LED 熄灭)。

```
#include "led.h"
#include "DS18B20.h"
void main(){
        unsigned int temper;
        led_init();
        while(1){

                _____

                _____

                _____

                _____

                _____

                _____

                _____

        }
}
```

项目编号：8	学习情景：温度采集		项目页码：11
姓名：　　班级：　　日期：			

评价反馈

各组代表展示作品，并介绍任务完成情况。作品展示前应准备阐述材料，并完成学生自评表(见表 8.2)。展示完成后，由老师填写老师评价表(见表 8.3)。

表8.2　学生自评表

任　务	完成记录
任务是否按时完成	
相关理论完成情况	
任务完成数量	
材料上交情况	
收获	

表8.3　老师评价表

评价项目	教师评价
学习准备	
作品质量	
完成速度	
沟通协作	
参与讨论主动性	

注：评价档次统一采用 A(优秀)、B(良好)、C(合格)、D(努力)。

学生签字＿＿＿＿＿＿＿＿＿＿

老师签字＿＿＿＿＿＿＿＿＿＿

完成日期＿＿＿＿＿＿＿＿＿＿

项目 9

A/D 转换项目开发

项目编号：9	学习情景：A/D 转换		项目页码：1
姓名：　　　班级：　　　日期：			

 学习情景描述

　　信号在生活中非常常见，例如说话时产生的语音信号，对环境监测时获取的温度、湿度、二氧化碳含量等模拟信号，计算机传输的二进制信号，等等。在电子电路中，通常将信号按照值域是否随时域连续变化的特征分为模拟信号和数字信号。A/D 转换的作用是将时间连续、幅值也连续的模拟信号转换为时间离散、幅值也离散的数字信号。本项目主要对 A/D 转换器、转换原理进行讲解，要求学生掌握 A/D 转换的原理和模拟到数字的转换方法。

 学习目标

(1) 掌握 A/D 转换器的转换原理。
(2) 掌握数字量的位数与精度的关系。
(3) 掌握 IIC 协议时序图。

　　任务书

利用单片机的 A/D 转换芯片完成以下任务。
任务 1：根据 A/D 转换芯片手册，编写对应的 IIC 时序。
任务 2：从 A/D 转换芯片中读出数字量，并在数码管上显示对应的数字量。
任务 3：在数码管上显示数字量对应的模拟量。

项目编号：9	学习情景：A/D 转换		项目页码：2
姓名：　　　　班级：　　　　日期：			

任务分组

填写如表 9.1 所示的学生任务分组表。

表 9.1　学生任务分组表

班级		组号		专业	
组长		学号		指导老师	
组员	姓名	学号		姓名	学号

准备知识

1．A/D 转换器的转换原理

为了用数字电路处理模拟信号就必须将模拟信号经过采集和转换变为数字信号。将实现模拟信号至数字信号转换的器件称为 A/D 转换器。常见的 A/D 转换方法有两种：一种是直接采样模拟信号，将模拟电信号直接转换为数字信号送入处理器处理；另一种是把模拟信号进行间接转换后，得到中间参量再进行转换处理，例如将模拟电压信号间接转换为频率信号或是电流信号，然后再进行数字信号的转换。常见的 A/D 转换器有并联比较型 A/D 转换器、逐次逼近型 A/D 转换器、V-F 变换型 A/D 转换器、双积分型 A/D 转换器等。

并联比较型 A/D 转换器：并联比较型 A/D 转换器属于直接型 A/D 转换器，它的各量级同时并行比较，各位输出码也是同时并行产生的，所以转换速度快是它的突出优点，并且转换速度与输出码位的多少无关。并联比较型 A/D 转换器的缺点是成本高、功耗大。因为 n 位输出的 A/D 转换器，需要 $2n$ 个电阻、$2n-1$ 个比较器和 D 触发器，以及复杂的编码网络，其元件数量随位数的增加呈几何级数上升。因此这种 A/D 转换器适用于要求高速、低分辨率的场合。

逐次逼近型 A/D 转换器：逐次逼近型 A/D 转换器属于另一种直接型 A/D 转换器，它也产生一系列比较电压 VR，但与并联比较型 A/D 转换器不同，逐次逼近型 A/D 转换器是逐个产生比较电压，逐次与输入电压分别比较，以逐渐逼近的方式进行模/数转换的。

项目编号：9	学习情景：A/D 转换		项目页码：3
姓名：　　班级：　　日期：			

逐次逼近型 A/D 转换器每次转换都要逐位比较，需要 $n+1$ 个节拍脉冲才能完成，因此，它比并联比较型 A/D 转换器的转换速度慢，但比双积分型 A/D 转换器的转换速度快，属于中速模/数转换器件。另外，当位数多时，它需要的元器件个数比并联比较型的少得多，所以它是集成 A/D 转换器中，应用较广的一种。

双积分型 A/D 转换器：属于间接型 A/D 转换器，双积分型 A/D 转换器先对输入采样电压和基准电压进行两次积分，以获得与采样电压平均值成正比的时间间隔，同时在这个时间间隔内，用计数器对标准时钟脉冲(CP)计数，计数器输出的计数结果就是对应的数字量。双积分型 A/D 转换器的优点是抗干扰能力强、稳定性好、可实现高精度模/数转换；缺点主要是转换速度低。因此，双积分型 A/D 转换器大多应用于对精度要求较高而对转换速度要求不高的仪器仪表中，例如用于多位高精度数字直流电压表中。

在评价 A/D 转换器的性能时，分辨率是一个非常重要的指标。分辨率是指 A/D 转换器对模拟信号的"分辨"能力。通常来说，A/D 转换器件的数据手册上都会标注 8 位、10 位、12 位等信息，这表示 A/D 转换器件分辨模拟信号的位数，位数越高分辨能力就越强。n 位分辨率的 A/D 转换器能区分 2^n 个不同的电压等级。

本项目所用的芯片为 PCF8591，根据其数据手册可知，该芯片的分辨率为 8 位。若输入的模拟电压为 5 V，则 A/D 转换器能区分的最小电压等级为 $5/2^8 = 19.53$ mV；若输入的模拟电压为 3.3 V，则 A/D 转换器能区分的最小电压等级为 $3.3/2^8 = 12.89$ mV。

2. IIC 协议时序图

PCF8591 的连接原理图如图 9.1 所示。由图 9.1 可知，芯片 PCF8951 与单片机的连接方式是通过 IIC 总线连接的。

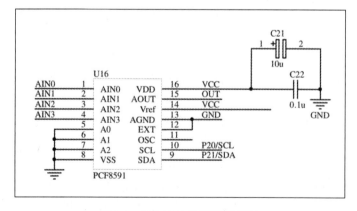

图 9.1　PCF8591 的连接原理图

项目编号：9	学习情景：A/D 转换		项目页码：4
姓名：　　　班级：　　　日期：			

　　图 9.2 描述的是使用 IIC 协议对模拟量进行连续读的时序逻辑图，开发则是每次都读取一个字节的数据。所以本项目主要针对一个字节数据进行解读。

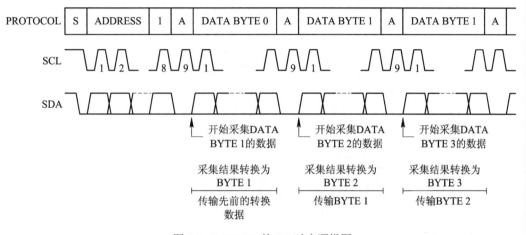

图 9.2　PCF8591 的 IIC 时序逻辑图

　　首先是 IIC 的起始信号，如图 9.3 所示。

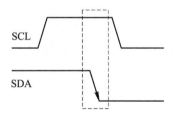

图 9.3　IIC 的起始信号

　　如图 9.3 所示，主机首先给 SCL 发送高电平，然后将 SDA 从高电平跳转到低电平，表示信号为 IIC 的起始信号。发送完起始信号后，主机开始向从机发送数据。

　　其次是 IIC 的停止信号，如图 9.4 所示。

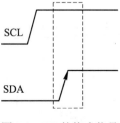

图 9.4　IIC 的停止信号

项目编号：9	学习情景：A/D 转换		项目页码：5
姓名：　　　班级：　　　日期：			

如图 9.4 所示，主机首先给 SCL 发送高电平，然后将 SDA 从低电平跳转到高电平，表示信号为 IIC 的停止信号。发送完停止信号后，主机终止向从机发送数据。

IIC 协议中，IIC 的发送数据时序图如图 9.5 所示。

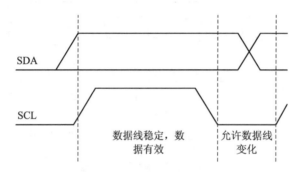

图 9.5　IIC 的发送数据时序图

如图 9.5 所示，在 IIC 时序中，发送数据都是在 SCL 为高电平时进行的，此时如果 SDA 为高电平，那么读取的就是高电平，如果 SDA 为低电平，那么读取的就是低电平。

在主机向从机发送完数据后，从机就会向主机发送应答信号。如图 9.6 所示，如果 SDA 为高电平，那么表示为非应答信号，如果 SDA 为低电平，那么表示为应答信号。

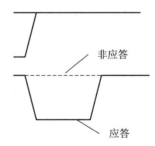

图 9.6　IIC 的应答信号与非应答信号

本项目中，首先是 PCF8591 将模拟电压转换为数字电压。单片机则是通过 IIC 协议，从芯片 PCF8591 中把数字量读取出来，因此，就要了解 IIC 协议中关于主机读取从机一个字节数据的时序逻辑，如图 9.7 所示。

项目编号：9	学习情景：A/D 转换		项目页码：6
姓名：　　　班级：　　　日期：			

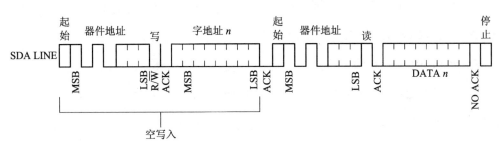

图 9.7　读取一个字节数据的时序逻辑

　　如图 9.7 所示，主机首先发送起始信号，接着向从机发送写信号的器件地址，然后等待从机的应答信号。若有应答信号，则继续由主机向从机发送器件的寄存器地址，再次等待从机的应答信号。等待到应答信号后，主机再向从机发送器件的读信号，器件收到读信号后，就向主机发送数据。

 引导问题

　　引导问题 1：参考 PCF8591 芯片数据手册，如图 9.8 所示，说明 PCF8591 芯片的基本特性。

1　FEATURES

- Single power supply
- Operating supply voltage 2.5 V to 6 V
- Low standby current
- Serial input/output via I²C-bus
- Address by 3 hardware address pins
- Sampling rate given by I²C-bus speed
- 4 analog inputs programmable as single-ended or differential inputs
- Auto-incremented channel selection
- Analog voltage range from V_{SS} to V_{DD}
- On-chip track and hold circuit
- 8-bit successive approximation A/D conversion
- Multiplying DAC with one analog output.

图 9.8　PCF8591 芯片数据手册

项目编号：9	学习情景：A/D 转换		项目页码：7
姓名：　　　班级：　　　日期：			

(1) PCF8591 的供电电压范围是_____。是_____(单/双)电源供电。

(2) 决定 PCF8591 的 IIC 地址的管脚共有_____个。

(3) PCF8591 的模拟输入口共有_____个，差分输入口有_____个。

(4) (自行查阅芯片手册内容)当读取芯片数据时，PCF8591 的器件地址是_____，当向芯片写数据时，其器件地址是_____。

引导问题 2：假设从 PCF8591 读取到的数字量是 130 时，试绘制出 IIC 协议时序图。

引导问题 3：当 PCF8591 芯片的供电电压为 5 V 时，从 PCF8591 读取到的数字量是 200，那么读取到的模拟电压应为_____。设数字量为 V_d，那么模拟电压与数字电压之间的转换公式为_____。

引导问题 4：利用 C 语言知识，参考 IIC 时序逻辑图(如图 9.2 所示)，解释以下函数功能。

```
//通过 IIC 总线发送数据
void IIC_SendByte(unsigned char byt)
{
    unsigned char i;
     for(i=0; i<8; i++){
         SCL = 0;
         IIC_Delay(DELAY_TIME);
```

项目编号：9	学习情景：A/D 转换	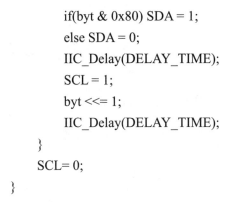	项目页码：8
姓名： 班级： 日期：			

```
        if(byt & 0x80) SDA = 1;
        else SDA = 0;
        IIC_Delay(DELAY_TIME);
        SCL = 1;
        byt <<= 1;
        IIC_Delay(DELAY_TIME);
    }
    SCL= 0;
}
```

 任务实训

任务 1： 根据图 9.7，完成任务 1(根据 A/D 转换芯片手册，编写对应的 IIC 时序)。
```
unsigned char PCF8591_Adc(void)
{
    unsigned char temp;
    IIC_Start();

    _____

    IIC_WaitAck();

    _____

    IIC_WaitAck();
    IIC_Start();

    _____

    IIC_WaitAck();

    _____

    IIC_SendAck(1);
    IIC_Stop();
```

项目编号：9	学习情景：A/D 转换		项目页码：9
姓名：　　　　班级：　　　　日期：			

```
    return temp;
    }
```

任务 2：根据变量提示，完成任务 2(从 A/D 转换芯片中读出数字量，并在数码管上显示对应的数字量)。

编译工程文件，生成可执行文件后下载到单片机中，验证效果。

```
#include "reg52.h"
#include "seg.h"
#include "PCF8591.h"
void main()
{
        unsigned char val;
        timer1_init();
        seg_init();
        while(1)
        {

                _____

                _____

                _____

                _____

                _____

        }
}
```

任务 3：根据变量提示，完成任务 3(在数码管上显示数字量对应的模拟量)。

编译工程文件，生成可执行文件后下载到单片机中，验证效果。

```
#include "reg52.h"
#include "seg.h"
#include "PCF8591.h"
void main()
{
```

项目编号：9	学习情景：A/D 转换		项目页码：10
姓名： 班级： 日期：			

```
unsigned char val;
float val_f;
timer1_init();
seg_init();
while(1)
{
    _____
    _____
    _____
    _____
    _____
    _____
    _____
}
}
```

项目编号：9	学习情景：A/D 转换		项目页码：11
姓名：　班级：　　日期：			

评价反馈

　　各组代表展示作品，介绍任务完成情况。作品展示前应准备阐述材料，并完成学生自评表(见表 9.2)。展示完成后，由老师填写老师评价表(见表 9.3)。

表 9.2　学 生 自 评 表

任　　务	完成记录
任务是否按时完成	
相关理论完成情况	
任务完成数量	
材料上交情况	
收获	

表 9.3　老 师 评 价 表

评价项目	教师评价
学习准备	
作品质量	
完成速度	
沟通协作	
参与讨论主动性	

　　注：评价档次统一采用 A(优秀)、B(良好)、C(合格)、D(努力)。

　　　　学生签字＿＿＿＿＿＿＿＿＿

　　　　老师签字＿＿＿＿＿＿＿＿＿

　　　　完成日期＿＿＿＿＿＿＿＿＿

项目 10

实时时钟项目开发

项目编号：10	学习情景：实时时钟		项目页码：1
姓名：　　班级：　　日期：			

 学习情景描述

时间是效率，时间是金钱。由此可见，时间观念对于现代人是非常重要的。小到手表、手机，大到大摆钟，时钟无处不在。本项目主要对实时时钟芯片的原理、协议规范进行讲解，要求学生掌握时钟的电路设计方法和程序设计方法。

 学习目标

(1) 掌握 DS1302 实时时钟芯片原理图的连接。
(2) 掌握 DS1302 实时时钟芯片协议规范。
(3) 掌握 BCD 码与十进制之间的相互转换。

 任务书

利用单片机的资源，读取和写入 DS1302 芯片的内容。

任务 1：根据读写时序协议，编写 DS1302 的读写时序代码，实现对实时时钟的单字节读写操作。

任务 2：驱动 DS1302 芯片，实现时钟、分钟和秒钟数据的写入功能。

任务 3：实现 DS1302 的时间读取功能，并通过数码管显示读取数据。

项目编号：10	学习情景：实时时钟		项目页码：2
姓名：　　　班级：　　　日期：			

 任务分组

完成学生任务分组表 10.1。

表 10.1　学生任务分组表

班级		组号		专业	
组长		学号		指导老师	
组员	姓名	学号		姓名	学号

 准备知识

1. DS1302 实时时钟芯片原理图

实时时钟芯片采用 DS1302，其连接图如图 10.1 所示。

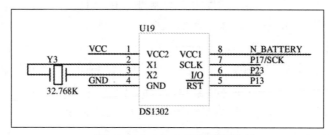

图 10.1　DS1302 芯片连接图

　　DS1302 是双电源供电芯片，VCC2 连接单片机系统供电电源端，VCC1 连接电池供电 N_BATTERY。DS1302 的 SCLK、I/O、$\overline{\text{RST}}$ 都与单片机的管脚相连接。

　　DS1302 芯片会选择 VCC1 和 VCC2 中电压较大的一个作为供电电源。当 VCC2 大于 VCC1 +0.2 V 时，VCC2 为 DS1302 供电。当 VCC2 小于 VCC1 时，VCC1 为 DS1302 供电，以确保保持时间和日期。

　　$\overline{\text{RST}}$：复位引脚，低电平有效，在芯片读取数据或写入数据时，必须为高电平。

　　I/O 引脚：输入引脚或推挽输出引脚，是 3 线接口的双向数据引脚。

　　SCLK：输入引脚。SCLK 用于同步串行接口上的数据移动。

项目编号：10	学习情景：实时时钟		项目页码：3
姓名：　　　　班级：　　　　日期：			

2. DS1302 实时时钟芯片协议规范

DS1302 实时时钟芯片进行单字节的读时序和写时序如图 10.2 所示。对 DS1302 进行读或者写操作前，应把 CE 引脚拉高，在读写操作完后，再把 CE 引脚拉低。

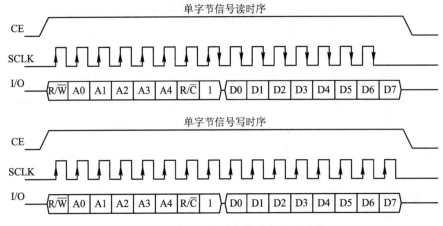

图 10.2　DS1302 芯片的读时序和写时序

对于读单个字节的时序，先把 CE 从低电平拉至高电平。此时，单片机通过 I/O 引脚串行地向 DS1302 发送信号，SCLK 默认为低电平，由于是读信号，所以第一位发送 1，接着 SCLK 立刻置为高电平。再往后，就是 SCLK 为低电平，发送 A0 的信号，再把 SCLK 置为高电平。这样就完成了第二位数据的发送。后面 6 位数据的发送都是如此，都是在 SCLK 管脚电平由低变高的间隙，单片机给 I/O 引脚赋相应的值，就可以将数据发送出去。在 DS1302 读单字节的协议中，前 8 位是单片机控制引脚的电平状态向 DS1302 发送要读取 DS1302 寄存器地址，后 8 位则是 DS1302 向单片机发送数据，单片机作为接收方接收数据。和单片机发送数据相同，DS1302 向单片机发送数据时，单片机先把 SCLK 设为低电平，然后等待接收实时时钟芯片从 I/O 引脚发过来的电平状态。若为高电平，则数据为 1；若为低电平，则数据为 0。单片机接收到数据后，再把 SCLK 置为高电平。这样就完成了一位数据的发送。后面的 7 位数据的接收也是如此：单片机先把 SCLK 引脚设为低电平，读取 I/O 引脚电平状态，然后再把 SCLK 设为高电平。由图 10.2 可知，DS1302 芯片发送数据是先发低位，再发高位。

单片机向 DS1302 写数据与读数据的协议相类似：前 8 位数据与向 DS1302 读数据的时序相同——先发送寄存器的地址，只是第一位由 1 变成了 0；后 8 位则是向 DS1302 发送数据。同样，也是先发低位再发高位。

项目编号：10	学习情景：实时时钟		项目页码：4
姓名：　　　班级：　　　日期：			

3. BCD 码与十进制之间的相互转换

在 DS1302 的数据手册中，有这么一段话："The contents of the time and calendar registers are in the binary-coded decimal(BCD) format."，这该段话译为"时间和日历寄存器的内容采用二进制编码的十进制(BCD)格式。"也就是说，在 DS1302 芯片中存储的时钟数据并不是按照十进制存储的，而是采用 BCD 码存储的。

什么是 BCD 码？BCD 码就是使用四位二进制数来表示单个的十进制数的编码方式。例如 BCD 码中使用"1001"表示十进制的"9"，使用"0111"表示十进制的"7"。在表示一位十进制方面，这和传统的二进制表示十进制没有区别，两者区别主要体现在两位及两位以上的十进制数的表示上。例如 BCD 码中的"10010011"，前四位二进制数表示高位的十进制数"9"，后四位二进制数表示低位的十进制数"3"，连在一起表示十进制数"93"，而"93"的二进制数表示则为"101 1101"，所以 BCD 码表示十进制数与二进制表示十进制数是不同的。

DS1302 存储的时间数据是按照 BCD 码格式表示的，所以单片机向 DS1302 发送的数据也就是 BCD 码格式的数据，因此在单片机中，就需要把数据从十进制转换为 BCD 码的格式。例如想要设置分钟的数值为"53"，就要转换为数据"01010011"。对应的算法为：先将十位数转换成二进制数后再左移 4 位，即把 5 转换成了二进制数，再把该二进制数左移 4 位，最后再加上个位数，也就是 3 的二进制码，就可以把十进制数 53 转换成对应的 BCD 码了。

将表示小时的十进制数转换成 BCD 码的代码如下：

```
temp = ((pucRtc[0]/10)<<4)+pucRtc[0]%10;
Write_Ds1302_Byte(0x84, temp);                    //设置时
```

从 DS1302 读取到的数据则要把 BCD 码转换成十进制数，算法与将十进制数转换成 BCD 码的过程相反：先将读取到的值保存在变量中，将该变量右移 4 位即为十位数对应的二进制数，将该变量与 0x0f 相与(把高 4 位清除)即为个位数对应的二进制数，最后将十位数乘 10 与个位数相加，即得到 BCD 码对应的十进制数。将表示小时的 BCD 码转换成十进制数的代码如下：

```
temp = Read_Ds1302_Byte(0x85);                    //读取时
pucRtc[0] = (temp>>4)*10+(temp&0x0f);
```

项目编号：10	学习情景：实时时钟		项目页码：5
姓名：　　　　班级：　　　　日期：			

 引导问题

引导问题：参考如图 10.3 所示的 DS1302 芯片基本特性，说明 DS1302 的工作特性。

FEATURES

- **Real-Time Clock Counts Seconds, Minutes, Hours, Date of the Month, Month, Day of the Week, and Year with Leap-Year Compensation Valid Up to 2100**
- **31 x 8 Battery-Backed General-Purpose RAM**
- **Serial I/O for Minimum Pin Count**
- **2.0V to 5.5V Full Operation**
- **Uses Less than 300nA at 2.0V**
- **Single-Byte or Multiple-Byte (Burst Mode) Data Transfer for Read or Write of Clock or RAM Data**
- **8-Pin DIP or Optional 8-Pin SO for Surface Mount**
- **Simple 3-Wire Interface**
- **TTL-Compatible (V$_{CC}$ = 5V)**
- **Optional Industrial Temperature Range: -40°C to +85°C**
- **DS1202 Compatible**
- **Underwriters Laboratories (UL®) Recognized**

图 10.3　芯片基本特性

(1) DS1302 可保存的时间信息包括＿＿＿＿＿、＿＿＿＿＿、＿＿＿＿＿、＿＿＿＿＿、

＿＿＿＿＿、＿＿＿＿＿、＿＿＿＿＿、＿＿＿＿＿。

(2) DS1302 最大可保存到的年份为＿＿＿＿＿，供电电压范围为＿＿＿＿＿。

任务实训

任务 1：根据工作准备 2 的"DS1302 实时时钟芯片协议规范"的介绍和下面代码的提示，编写 DS1302 的读写时序代码。

```
sbit SCK=P1^7;
sbit SDA=P2^3;
sbit RST = P1^3;
```

项目编号：10	学习情景：实时时钟		项目页码：6
姓名： 班级：	日期：		

```
void Write_Ds1302(unsigned char temp)
{
    unsigned char i;
    for (i=0;i<8;i++)
    {
        SCK=0;

        _____

        _____

        SCK=1;
    }
}
void Write_Ds1302_Byte( unsigned char address,unsigned char dat )
{
    RST=0;   _nop_();
    SCK=0;   _nop_();
    RST=1;   _nop_();

    _____

    _____

    RST=0;

}
unsigned char Read_Ds1302_Byte ( unsigned char address )
{
    unsigned char i,temp=0x00;
    RST=0;   _nop_();
    SCK=0;   _nop_();
    RST=1;   _nop_();

    _____
```

项目编号：10	学习情景：实时时钟		项目页码：7
姓名：　　　班级：　　　日期：			

```
    for (i=0;i<8;i++)
    {
        SCK=0;

        _____

        _____

        SCK=1;
    }
    RST=0;  _nop_();
    SCK=0;  _nop_();
    SDA=0;  _nop_();
    return (temp);
}
```

任务 2：单片机向 DS1302 写数据应先关闭数据写保护功能才能成功写入数据，请根据图 10.4 和图 10.5，完善单片机向 DS1302 写数据的代码。

RTC

READ	WRITE	BIT 7	BIT 6	BIT 5	BIT 4	BIT 3	BIT 2	BIT 1	BIT 0	RANGE
81h	80h	CH	10 Seconds			Seconds				00—59
83h	82h	10 Minutes				Minutes				00—59
85h	84h	$12/\overline{24}$	0	$\dfrac{10}{\overline{AM/PM}}$	0	Hour				1—12/0—23
87h	86h	0	0	10 Date		Date				1—31
89h	88h	0	0	0	10 Month	Month				1—12
8Bh	8Ah	0	0	0	0	0	Day			1—7
8Dh	8Ch	10 Year				Year				00—99
8Fh	8Eh	WP	0	0	0	0	0	0	0	—
91h	90h	TCS	TCS	TCS	TCS	DS	DS	DS	DS	—

图 10.4　DS1302 内部寄存器

项目编号：10	学习情景：实时时钟		项目页码：8
姓名：　　　　班级：　　　　　日期：			

WRITE-PROTECT BIT

Bit 7 of the control register is the write-protect bit. The first seven bits (bits 0 to 6) are forced to 0 and always read 0 when read. Before any write operation to the clock or RAM, bit 7 must be 0. When high, the write-protect bit prevents a write operation to any other register. The initial power-on state is not defined. Therefore, the WP bit should be cleared before attempting to write to the device.

图 10.5　数据写保护功能说明

```
void Set_RTC(unsigned char* pucRtc)
{
    unsigned char temp;
    ______________________________
    temp = ((pucRtc[0]/10)<<4)+pucRtc[0]%10;
    ______________________________
    temp = ((pucRtc[1]/10)<<4)+pucRtc[1]%10;
    ______________________________
    temp = ((pucRtc[2]/10)<<4)+pucRtc[2]%10;
    ______________________________
    ______________________________
}
```

任务 3：参考图 10.4 给出的 DS1302 的寄存器和注释的提示，完善读取实时时钟代码，设置初始时间为 12 时 23 分 30 秒。

```
#include "ds1302.h"
unsigned char pucRtc[3] = {____, ____, ____};
unsigned char recvBuff[3];
void Read_RTC(unsigned char* pucRtc)
{
    unsigned char temp;
    ______________________________          //读取时
    pucRtc[0] = (temp>>4)*10+(temp&0x0f);
```

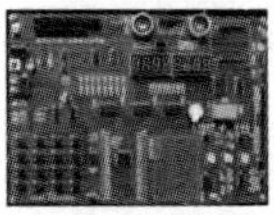

项目编号：10	学习情景：实时时钟		项目页码：9
姓名：　　　班级：　　　　日期：			

```
                                                    //读取分
    pucRtc[1] = (temp>>4)*10+(temp&0x0f);

                                                    //读取秒
    pucRtc[2] = (temp>>4)*10+(temp&0x0f);
}

void main(){
    seg_init();

    _____

    while(1){

        _____

        _____

        _____

        _____

        _____

        _____
    }
}
```

项目编号：10	学习情景：实时时钟		项目页码：10
姓名： 班级： 日期：			

评价反馈

各组代表展示作品，介绍任务完成情况。作品展示前应准备阐述材料，并完成学生自评表(见表 10.2)。展示完成后，由老师填写老师评价表(见表 10.3)。

表 10.2 学 生 自 评 表

任　务	完成记录
任务是否按时完成	
相关理论完成情况	
任务完成数量	
材料上交情况	
收获	

表 10.3 老 师 评 价 表

评价项目	教师评价
学习准备	
作品质量	
完成速度	
沟通协作	
参与讨论主动性	

注：评价档次统一采用 A(优秀)、B(良好)、C(合格)、D(努力)。

学生签字＿＿＿＿＿＿＿＿＿

老师签字＿＿＿＿＿＿＿＿＿

完成日期＿＿＿＿＿＿＿＿＿

参 考 文 献

[1] 黄涛. 基于任务驱动的高职软件开发类活页式教材设计研究[J]. 武汉职业技术学院学报，2019，18(6)：62-67.

[2] 蔡跃. 职业教育活页式教材开发指导手册[M]. 上海：华东师范大学出版社，2020.

[3] 张兴然，谢胜利. 自编活页式教材的特点与开发实践：以供用电技术专业为例[J]. 职业教育(下旬刊)，2019，18(12)：68-73.

[4] 王晨. 基于 SPOC 平台的混合式教学模式下新形态一体化活页式教材设计：以"高职英语听说教材"为例[J]. 科教导刊(下旬)，2020(3)：132-133.

[5] 陈高锋，付建军. 活页式教材设计及应用探索与实践[J]. 陕西教育(高教)，2020(5)：26-27.

[6] 夏丽丽. 探讨基于"1+X"的物流管理专业核心课程实训项目活页式教材开发[J]. 中国多媒体与网络教学学报(中旬刊)，2020，(11)：230-232.

[7] 蒋彦，谌星，杨子健. 中国特色高水平专业群实操类专业课程活页式教材开发路径探究[J]. 就业与保障，2020，(13)：141-142.

[8] 李政. 职业教育新形态教材：内涵、特征与编写策略[J]. 职教论坛，2020(4)：21-26.

[9] 李国勇. 职业院校校企合作开发活页式(工作手册)教材的研究与实践[J]. 科教导刊(下旬刊)，2020，(33)：23-24.

[10] 刘阳京，汤秋芳. 高职电子开发类课程活页式教材开发研究综述[J]. 科技经济导刊，2020，28(24)：165+196.

[11] 散晓燕. 1+X 证书制度下高职新型活页式教材的特征、价值与设计[J]. 教育与职业，2021(11)：93-97.

[12] 潘爱民. 单片机系统设计与应用开发[M]. 武汉：华中科技大学出版社，2020.

[13] 郭书军. ARM Cortex-M3 系统设计与实现：STM32 基础篇[M]. 2 版. 北京：电子工业出版社，2018.

[14] 丁向荣. 增强型 8051 单片机原理与系统开发(C51 版)[M]. 北京：清华大学出版社，2013.

[15] 丁向荣. 单片微机原理与接口技术：基于 STC15 系列[M]. 北京：电子工业出版社，2012.

[16] 苏俊维. 基于创新式项目驱动的单片机课程教改探讨[J]. 科技视界，2021，(8)：12-13.